U0023278

品質管制實習

Practice for Quality Control

林成益、張東孟/著

序

由於社會的繁榮與進步，消費者對產品品質的要求相形提高，各大企業皆投注大量心力於產品的研究發展與品質水準的提昇，無不希望以高品質水準的產品領先於同業。因此，產品品質水準的提昇，已成爲企業經營成功與否的重大關鍵，亦爲各企業所努力追求的目標。

學校對品質管理的教學，大都著重理論的傳授，在實務方面的課程略嫌不足。爲達到理論與實務的配合，以培養各企業所需的品管人才，筆者撰寫了本實習教材，希望能藉由此實習教材，以加強學校技職教育的落實。

本實習教材適合一學期的課程，共計十六個實習單元。實習一至實習四爲品質改善工具，內容包括 QC 七大手法及新 QC 七大手法的改善方法；實習五至實習九爲管制圖的製作與研判，內容包括計數值管制圖與計量值管制圖；實習十至實習十一爲抽樣方法，內容包括各種抽樣方式的實習；實習十二至實習十六爲抽樣表之使用，內容包括計數值抽樣表及計量值抽樣表等主題。

筆者雖竭盡所能努力撰寫與校正，然疏漏在所難免，尙祈國內先進、教授學者不吝批評指正。

林成益
張東孟　　謹識

目　錄

實習一

品質改善工具(一)

實習名稱
實習目的
實習設備
實習步驟
問題研討
結論

【實習名稱】

檢核表、特性要因圖、柏拉圖(Check List, Cause and Effect Diagram, Pareto Diagram)。

【實習目的】

1. 瞭解問題產生的原因及如何來分析謀求改善之決策方法。
2. 學習如何製作檢核表、特性要因圖、柏拉圖等品質改善工具。

【實習設備】

1. 記錄表(空白紙張亦可)。
2. 紅、藍原子筆。
3. 30 公分直尺。

【實習步驟】

1. 確定要分析的主題(自定)—本週消費支出的原因探討。
2. 全組同學利用腦力激盪，將本週內可能的消費支出，逐日記錄，作成記錄用檢核表。檢核表的作法如下：

   (1)決定製作檢核表的目的，及如何收集最適當的數據。
   (2)決定分類項目。
   (3)決定檢核表的格式(如表 1-1)。
   (4)決定記錄數據的記號。
   (5)記入必要事項。

表 1-1　XX檢核表　　　期間：　年　月　日~　年　月　日

項目／日期	食				衣	住	行	育	樂
	早	中	晚	宵夜					
合計									

3. 將檢核表上的支出項目，加以探討發生的原因及其影響，製成特性要因圖。其作法如下：

(1)決定問題特性。
(2)畫一條箭線爲主幹；右端寫上特性(如圖 1-1)。
(3)將造成主幹的要因，加以記錄，是爲支幹。
(4)記入更細的原因爲分支、小支、細支。
(5)判斷要因的影響程度及相關事項。

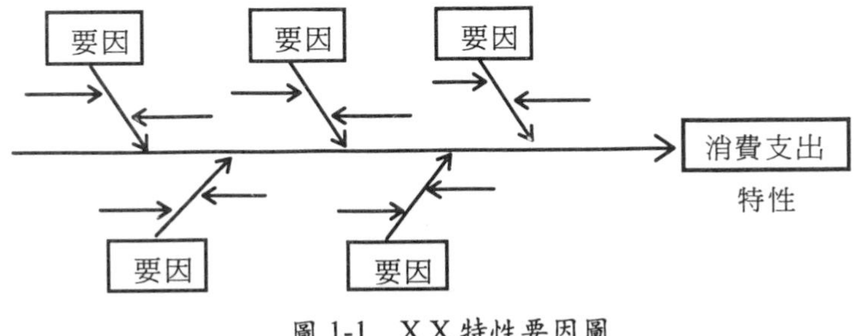

圖 1-1　XX特性要因圖

4. 對每個項目進行分析，並記入數據，作成柏拉圖。其作法如下：

(1)依分類項目整理數據。

(2)製作計算表(如表 1-2)，其項目數據由大到小排列，將「其他」列於最後。

(3)求出消費累積數、消費百分比、累積消費百分比。

(4)記入必要事項，如日期、名稱等。

(5)畫柱形圖及累積曲線，其中左縱軸爲消費金額，右縱軸爲累積消費百分比，橫軸爲消費支出項目(如圖 1-2)。

5. 將以上結果加以分析，找出原因，並製定改善對策。

表 1-2　計算表

<table>
<tr><td>主題
資金控管</td><td colspan="2">總費用
$</td><td colspan="2">項目
本週消費支出</td></tr>
<tr><td>數據收集時間</td><td colspan="2">完成日期</td><td colspan="2">組名：
製表人：</td></tr>
<tr><td>消費支出項目</td><td>消費金額</td><td>消費百分比(%)</td><td>消費累積數</td><td>累積消費百分比(%)</td></tr>
<tr><td></td><td></td><td></td><td></td><td></td></tr>
<tr><td>合計</td><td></td><td></td><td></td><td></td></tr>
</table>

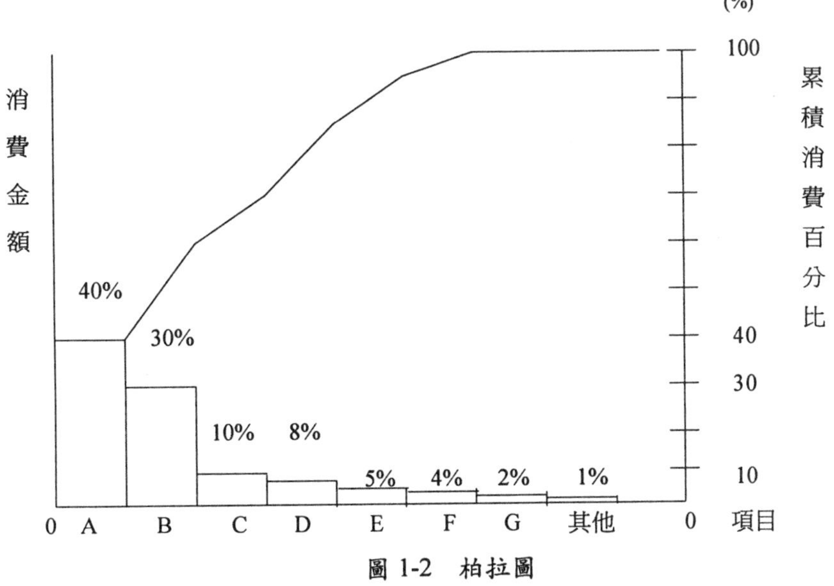

圖 1-2 柏拉圖

【問題研討】

1. 在使用檢核表時，有哪些細節要注意？
2. 特性要因圖的製作有哪些重點需要注意？
3. 說明柏拉圖的功用。

【結論】

實習二

品質改善工具(二)

實習名稱
實習目的
實習設備
實習步驟
問題研討
結論

【實習名稱】

散布圖、層別法、符號檢定法(Scatter Diagram, Stratification, Sign Test Method)。

【實習目的】

1. 瞭解產生問題的各原因之間的相互影響關係。
2. 學習如何製作散布圖及分層的方法，以及如何使用符號檢定法來判定。

【實習設備】

1. 記錄表。
2. 繪圖紙(方格紙)。
3. 紅、藍原子筆。
4. 30 公分直尺。

【實習步驟】

一、散布圖

1. 確定要分析的主題(自定)—本班同學數學成績及統計學成績的相關性。
2. 蒐集全班同學之數學學期成績及統計學學期成績，將其整理成數據表。

3. 以數學成績爲縱軸(Y)，統計學成績爲橫軸(X)，在方格紙上將刻度標示上去，將全班同學的數學及統計學成績，依刻度成對地標示上去，即爲散布圖。
4. 在散布圖適當空白處記入主題、數據數值、單位等事項。
5. 對散布圖加以研判，以瞭解數學成績與統計學成績之關係。其關係有如下幾種：(如圖 2-1)

(1)正相關： X 若增加， Y 亦隨之增加。

(2)負相關： X 若增加， Y 隨之減少。

(3)零相關： X 的變化對 Y 無關，可能有其他原因造成。

(4)曲線相關： X 若增加， Y 亦隨之增加。但增加到某一點時，就開始下降，形成拋物線形狀。

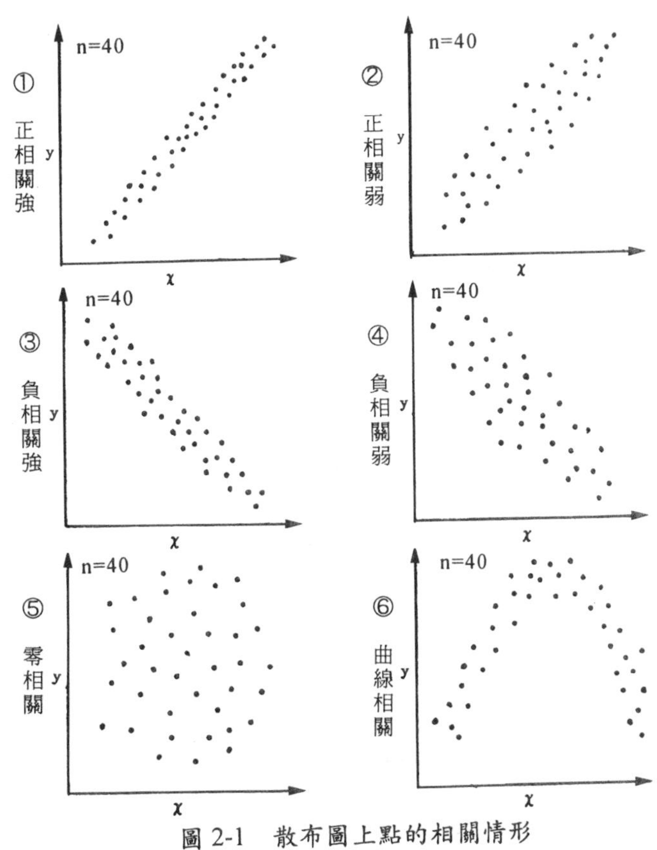

圖 2-1　散布圖上點的相關情形

二、層別法

1. 針對前面散布圖的實習步驟，將男生與女生的數據分開記錄，得兩組成對記錄。
2. 在繪製散布圖時，男生成對資料以〝✖〞標示，女生成對資料以〝●〞標示，如圖 2-2 。
3. 對此層別後之散布圖加以研判，結果是否有所差異。

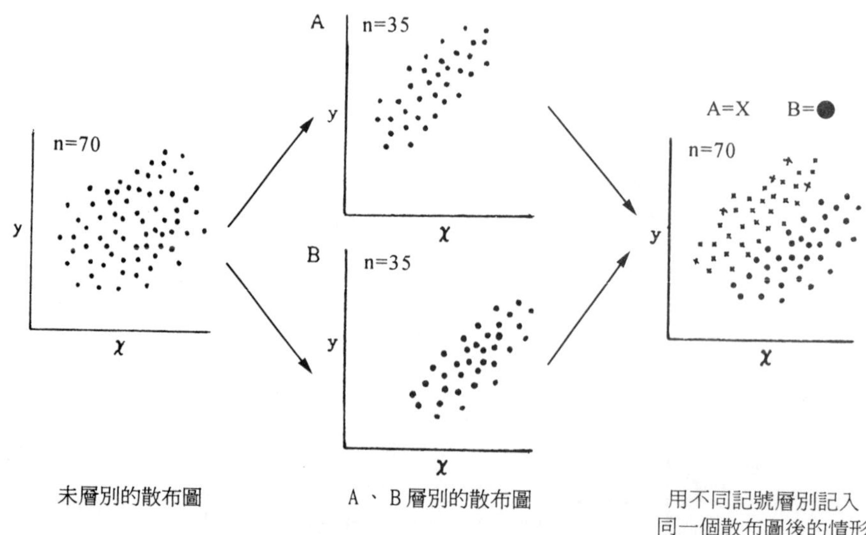

圖 2-2 層別後之散布圖

三、符號檢定法

1. 將以上所繪製之散布圖，畫一條平分左右點數的中數線 $\overline{X}$ ，然後再畫一條平分上下點數的中數線 $\overline{Y}$ (如圖 2-3)，中數線是指按數據大小的順序並排，大約在中央位置的值。

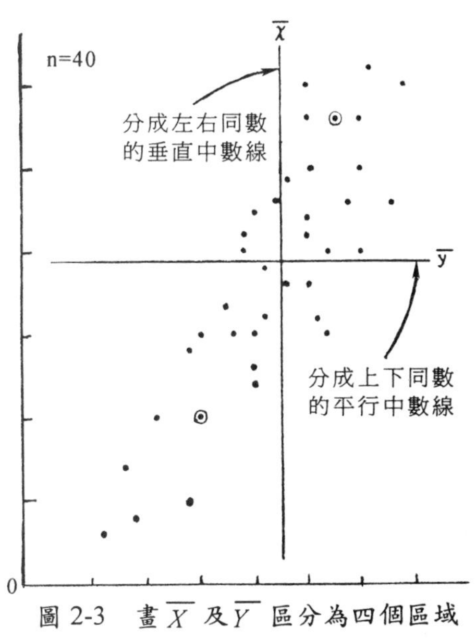

圖 2-3　畫 $\overline{X}$ 及 $\overline{Y}$ 區分為四個區域

2. 二條中數線將區域分成四個區間，以右上方的區間爲 1 ，依逆時針方向，分別爲 2 、 3 、 4 ，然後計算各區間之點數。
3. 以 N_1 、 N_2 、 N_3 、 N_4 代表各區間之點數，並求出 N_+ 及 N_- 的值。

$$N_+ = N_1 + N_3$$
$$N_- = N_2 + N_4$$

4. 利用表 2-1 的符號檢定表，來判定其相關之關係。表中之 K 值爲 N_+ 及 N_- 之和，即全部之點數，由 K 值可查到判定值。而由 N_+ 及 N_- 兩數中，取較小之數值與判定值比較，若小於判定值，在統計上則判定爲「有相關關係」。

表 2-1　符號檢定表

K	判定值	K	判定值	K	判定值	K	判定值	K	判定值	K	判定值
8	0	22	5	36	11	50	17	64	23	78	29
9	1	23	6	37	12	51	18	65	24	79	30
10	1	24	6	38	12	52	18	66	24	80	30
11	1	25	7	39	12	53	18	67	25	81	31
12	2	26	7	40	13	54	19	68	25	82	31
13	2	27	7	41	13	55	19	69	25	83	32
14	2	28	8	42	14	56	20	70	26	84	32
15	3	29	8	43	14	57	20	71	26	85	32
16	3	30	9	44	15	58	21	72	27	86	33
17	4	31	9	45	15	59	21	73	27	87	33
18	4	32	9	46	15	60	21	74	28	88	34
19	4	33	10	47	16	61	22	75	28	89	34
20	5	34	10	48	16	62	22	76	28	90	35
21	5	35	11	49	17	63	23	77	29		

K 為數據數

【問題研討】

1. 說明全班同學之數學成績與統計學成績間是否有相關？
2. 經層別後，其相關關係是否有差異？男生成績與女生成績是否有不同的差異性？
3. 以符號檢定法所作之結果，是否與散布圖相同？

4. 可否利用統計學之方法，求出相關係數加以驗證。

公式：

$$r = \frac{n\sum XY - \sum X \sum Y}{\sqrt{n\sum X^2 - (\sum X)^2}\sqrt{n\sum Y^2 - (\sum Y)^2}}$$

【結論】

實習三

品質改善工具(三)

實習名稱
實習目的
實習設備
實習步驟
問題研討
結論

【實習名稱】

關聯圖(Relation Diagram)。

【實習目的】

1. 學習如何將複雜糾結在一起的問題，以邏輯方式，來加以分析，謀求適當之解決對策。
2. 學習關聯圖之製作。

【實習設備】

1. 記錄表。
2. 繪圖紙。
3. 紅、藍原子筆。
4. 30 公分直尺。

【實習步驟】

1. 確定要分析的主題(自定)─功課不佳的原因探討。
2. 將所要分析的主題，寫在記錄紙的中央，用〝◎〞或〝▣〞表示之。
3. 運用腦力激盪，將影響主題之發生原因記錄下來，加以分組、歸類，繪於主題之四周，用〝□〞或〝⬭〞表示。
4. 以箭頭連接主題與各原因，表明其因果關係，並以整體的觀點進行討論，若有遺漏及不足之處，再加以修正。
5. 將主題、日期、地點等資料記錄於圖旁，即完成關聯圖。如圖 3-1。

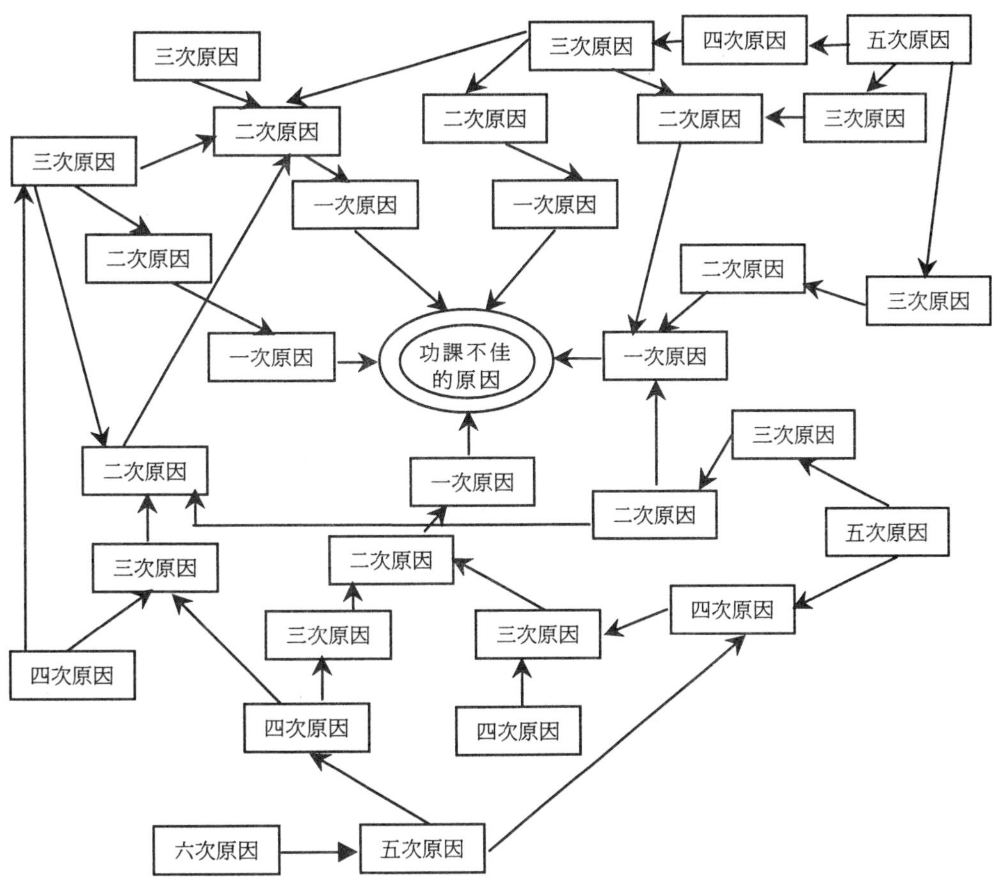

主　題	功 課 不 佳 的 原 因
日　期	年　　月　　日
作 成 地 點	○○○○○○○○○○○○○○○
成　員	○○○、○○○、○○○、○○○ ○○○、○○○、○○○、○○○

圖 3-1　關聯圖製作範例

【問題研討】

1. 試比較關聯圖與特性要因圖之異同？
2. 針對所製之關聯圖，提出改善之對策。

【結論】

實習四

品質改善工具(四)

實習名稱
實習目的
實習設備
實習步驟
問題研討
結論

【實習名稱】

矩陣圖(Matrix Diagram)。

【實習目的】

1. 學習如何製作矩陣圖。
2. 瞭解矩陣圖之功用。

【實習設備】

1. 記錄表。
2. 繪圖紙。
3. 紅、藍原子筆。
4. 30 公分直尺。

【實習步驟】

1. 確定要分析的主題(自定)—便利超市能否取代傳統市場。
2. 選擇適用的矩陣圖；矩陣圖有 L 型、 T 型、 Y 型、 X 型、 P 型等，本實習採用二元矩陣(L 型)。
3. 選擇好適用之矩陣圖後，將影響的原因分別記入矩陣圖的行與列中，本例以方便性、價格及衛生爲行列主要考量因素。
4. 將每一個行與列的交集進行思考，兩者是否有關聯，經全體共同討論，確認有關聯，則記入有關聯的符號，可以〝✓〞或〝○〞代表。若要將關聯程度加以細分，可依關聯程度之高低，分別以〝◎〞〝○〞〝△〞等加以區別，亦可將關聯程度賦予權值，便於計算出關聯程度最高的因素。

5. 因素與因素之交點若記載了關聯符號，即可選為構想點。如圖 4-1，若加總數值最高者，可優先選為構想點(因關聯程度高)加以探討，並謀求解決方法。

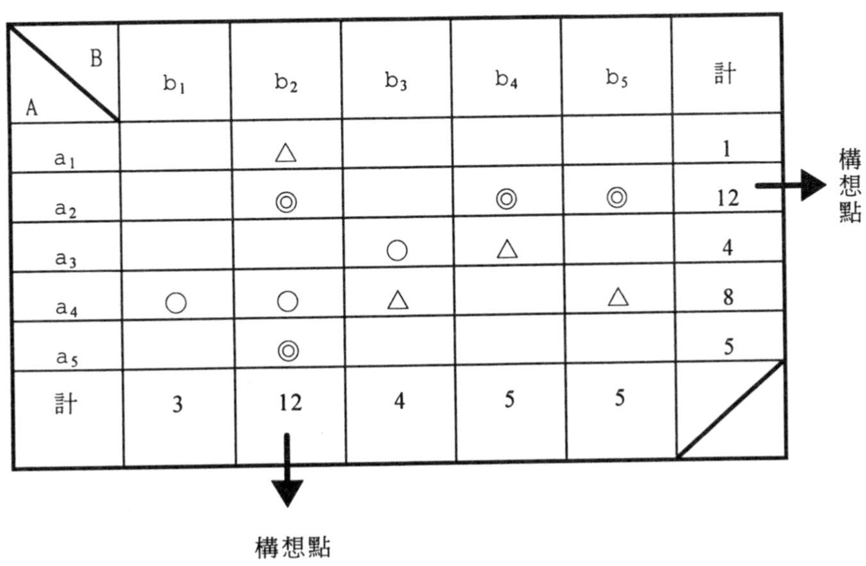

A＼B	b_1	b_2	b_3	b_4	b_5	計
a_1		△				1
a_2		◎		◎	◎	12
a_3			○	△		4
a_4	○	○	△		△	8
a_5		◎				5
計	3	12	4	5	5	

圖 4-1　關聯程度數值化

【問題研討】

1. 試比較矩陣圖與特性要因圖在使用時機上的差異。
2. 試以二元矩陣分析下列問題：

某公司有六位主管—董事長、總經理、經理、副理、課長、組長，他們的名字為(不按順序)張三、李四、小英、小美、王五、小華。已知相互間關係如下：

張三—未婚男性。

李四—董事長的鄰居，男性。

王五—28 歲，男性。

總經理—董事長的孫子，男性。

小英—組長同學，未婚女性。

小美—已婚女性。

小華—未婚女性。

課長—副理的女婿。

請問以上六個名字，各擔任何種職務？(摘錄自《品質管制月刊 22 卷，第四期》)

【結論】

實習五

計量值管制圖(一)

實習名稱
實習目的
實習設備
實習步驟
問題研討
結論

【實習名稱】

平均數—全距管制圖、平均數—標準差管制圖($\overline{X}$ — R Chart, $\overline{X}$ — S Chart)。

【實習目的】

瞭解管制圖之製作及管制功能。

【實習設備】

1. 計量值母體袋(或標有號碼的紙片一批)。
2. 記錄表及繪圖紙(如**表** 5-1 ，**圖** 5-1)。
3. 紅、藍原子筆。
4. 30 公分直尺。

【實習步驟】

一、$\overline{X}$—R 管制圖

1. 自計量值母體袋中，以隨機方式抽出一個號碼(此號碼代表某一產品之特性測定值)，並將其記錄於記錄表(**表** 5-1)中第一組之 X_1 欄中，然後將號碼放回母體袋中均勻混合，並重新抽出另一號碼，將此號碼記錄於記錄表中第一組之 X_2 欄中，依此類推，得到 X_3、X_4、X_5之數值，此五個數值為第一樣組。
2. 將步驟 1.重複 24 次，依次可得第二樣組，第三樣組…，第二十五樣組。

表 5-1　$\overline{X}-R$、$\overline{X}-S$ 管制圖記錄表

組數＼測定值	樣組編號																									合計
	1	2	3	4	5	6	7	8	9	10	11	12	13	14	15	16	17	18	19	20	21	22	23	24	25	$\sum \overline{X}=$
X_1																										$\sum R=$
X_2																										$\sum S=$
X_3																										
X_4																										
X_5																										平均
平均值 $\overline{X}$																										$\overline{\overline{X}}=$
全距 R																										$\overline{R}=$
標準差 S																										$\overline{S}=$
備註																										

3. 分別計算每個樣組之平均值($\overline{X}$)及全距(R)。

公式：

$$\overline{X_j}=\frac{\sum_{i=1}^{n} X_i}{n}=\frac{X_1+X_2+\ldots+X_n}{n}$$ (n=樣本數， j=組別)

$$R_j = R_{j\,(\max)} - R_{j\,(\min)}$$

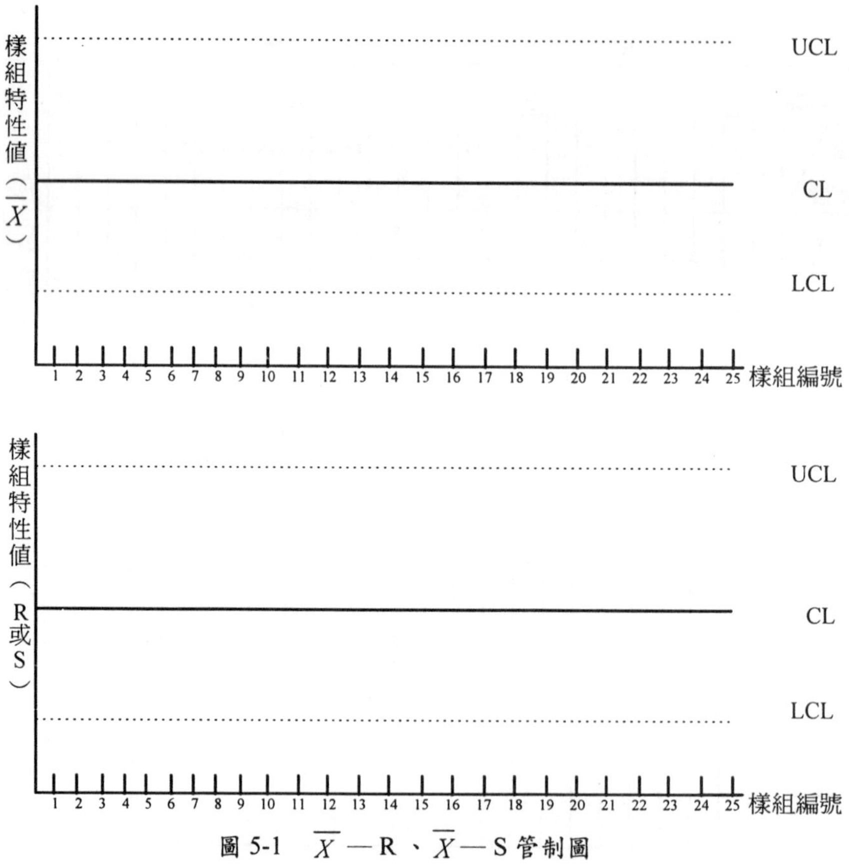

圖 5-1 $\overline{X}$—R、$\overline{X}$—S 管制圖

4. 計算全部樣組平均值之平均($\overline{\overline{X}}$)及全距平均值($\overline{R}$)。

公式：

$$\overline{\overline{X}} = \frac{\sum_{j=1}^{K} \overline{X_j}}{K} = \frac{\overline{X_1} + \overline{X_2} + \cdots + \overline{X_K}}{K} \qquad \text{(K：組數)}$$

$$\overline{R} = \frac{\sum_{j=1}^{K} R_j}{K} = \frac{R_1 + R_2 + \cdots + R_K}{K}$$

5. 將步驟 1.至步驟 4.所得之數值填入**表** 5-1 ，作爲繪製 $\overline{X}$ — R 管制圖之依據。
6. 由**附表** A 查 n=5 時， A_2 、 D_3 、 D_4 之數值。
7. 計算 $\overline{X}$ — R 管制圖之管制上下限。計算方法如下：

$\overline{X}$ 管制圖

$$UCL_{\overline{X}} = \overline{\overline{X}} + A_2\overline{R}$$
$$CL_{\overline{X}} = \overline{\overline{X}}$$
$$LCL_{\overline{X}} = \overline{\overline{X}} - A_2\overline{R}$$

UCL ：管制上限
CL ：中心線
LCL ：管制下限

R 管制圖

$$UCL_R = D_4\overline{R}$$
$$CL_R = \overline{R}$$
$$LCL_R = D_3\overline{R}$$

8. 將 $\overline{X}$ — R 管制圖之中心線及管制上下限分別繪入圖中(**圖** 5-1)，中心線用實線，管制上下限用虛線。
9. 將 25 個 $\overline{X}$ 值與 R 值依序描繪在**圖** 5-1 之 $\overline{X}$ 管制圖及 R 管制圖中；將超出管制上下限之點，以⊙表示，並將各點連接起來。

二、$\overline{X}$—S 管制圖

1.~ 2.與一、步驟 1.、 2.同。
3. 分別計算每個樣組之平均值($\overline{X}$)及標準差(S)。

公式：

$$\overline{X_j} = \frac{\sum_{i=1}^{n} X_i}{n} = \frac{X_1 + X_2 + \cdots + X_n}{n}$$

$$S_j = \sqrt{\frac{\sum_{i=1}^{n} (X_i - \overline{X})^2}{n-1}}$$

4. 計算全部樣組平均值之平均($\overline{\overline{X}}$)及標準差平均值($\overline{S}$)。

公式：

$$\overline{\overline{X}} = \frac{\sum_{j=1}^{K} \overline{X_j}}{K} = \frac{\overline{X_1} + \overline{X_2} + \cdots + \overline{X_k}}{K}$$

$$\overline{S} = \frac{\sum_{j=1}^{K} S_j}{K} = \frac{S_1 + S_2 + \cdots + S_k}{K}$$

5. 將步驟 1.至步驟 4.所得之數值填入**表** 5-1 ，作爲繪製$\overline{X}$— S 管制圖之依據。
6. 由**附表** A 查 n=5 時，A_3、B_3、B_4之數值。
7. 計算$\overline{X}$— S 管制圖之管制上下限。計算方法如下：

$\overline{X}$ 管制圖

$$UCL_{\overline{X}} = \overline{\overline{X}} + A_3\overline{S}$$

$$CL_{\overline{X}} = \overline{\overline{X}}$$

$$LCL_{\overline{X}} = \overline{\overline{X}} - A_3\overline{S}$$

UCL ：管制上限

CL ：中心線

LCL ：管制下限

S 管制圖

$$UCL_S = B_4\overline{S}$$
$$CL_S = \overline{S}$$
$$LCL_S = B_3\overline{S}$$

8. 將$\overline{X}$—S 管制圖之中心線及管制上下限分別繪入圖中(圖 5-1)，中心線用實線，管制上下限用虛線。
9. 將 25 個$\overline{X}$值與 S 值依序描繪在圖 5-1 之$\overline{X}$管制圖及 S 管制圖中，將超出管制上下限之點，以⊙表示，並將各點連接起來。

【問題研討】

1. 研判製程是否在管制狀態中？若不在管制狀態，請調查原因？
2. $\overline{X}$—R 管制圖與$\overline{X}$—S 管制圖有何不同的採用時機？
3. 當樣本數 n 變大時(n>10)，$\overline{X}$—R 與$\overline{X}$—S 管制圖何者較為精確？可否驗證說明之？

【結論】

實習六

計量值管制圖(二)

實習名稱
實習目的
實習設備
實習步驟
問題研討
結論

【實習名稱】

中位數—全距管制圖($\tilde{X}$ — R Chart)。

【實習目的】

瞭解 $\tilde{X}$ — R 管制圖之製作，並與 $\overline{X}$ — R 管制圖作比較。

【實習設備】

1. 計量值母體袋(或標有號碼的紙片一批)。
2. 記錄表及繪圖紙(如**表** 6-1 、**圖** 6-1)。
3. 紅、藍原子筆。
4. 30 公分直尺。

【實習步驟】

一、使用 $\overline{\tilde{X}}$ 及 $\overline{R}$ 為中心線的 $\tilde{X}$ — R 管制圖

1. 自計量值母體袋中，以隨機方式抽出一個號碼(此號碼代表某一產品之特性測定值)，並將其記錄於記錄表(**表** 6-1)中第一組之 X_1 欄中，然後將號碼放回母體袋中均勻混合，並重新抽出另一號碼，將此號碼記錄於記錄表中第一組之 X_2 欄中，依此類推，得到 X_3、X_4、X_5 之數值，此五個數值爲第一樣組。
2. 將步驟 1.重複 24 次，依次可得第二樣組，第三樣組……，第二十五樣組。

3. 分別找出每個樣組之中位數($\tilde{X}$)及全距(R)。

表 6-1　$\tilde{X}$ —R 管制圖記錄表

組數 測 定值	樣							組								編									號	合計
	1	2	3	4	5	6	7	8	9	10	11	12	13	14	15	16	17	18	19	20	21	22	23	24	25	$\sum \bar{X}$ =
X_1																										$\sum X$ =
X_2																										$\sum R$ =
X_3																										平均數 或 中 位 數
X_4																										
X_5																										
平均值 $\bar{X}$																										$\tilde{\bar{X}}$ = $\bar{\tilde{X}}$ = $\approx X$ = $\tilde{R}$ =
中位數 $\tilde{X}$																										
全距 R																										
備註																										

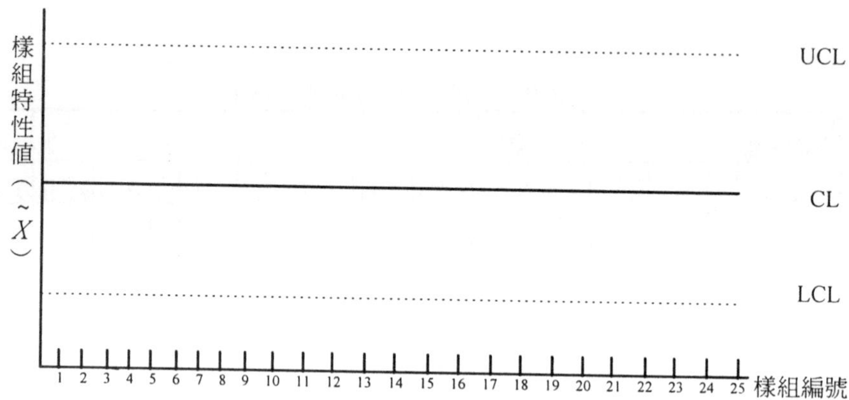

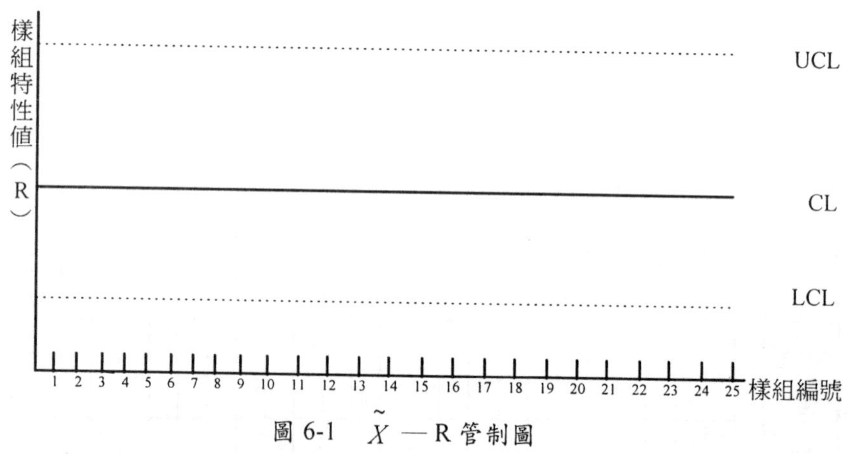

圖 6-1　$\tilde{X}$ —R 管制圖

4. 計算全部樣組中位數之平均值($\overline{\tilde{X}}$)及全距平均值($\overline{R}$)。

公式：

$$\overline{\tilde{X}} = \frac{\sum_{j=1}^{K} \tilde{X}_j}{K} = \frac{\tilde{X}_1 + \tilde{X}_2 + \ldots + \tilde{X}_K}{K}$$ （j：組別　k：組數）

$$\overline{R} = \frac{\sum_{j=1}^{K} R_j}{K} = \frac{R_1 + R_2 + \ldots + R_K}{K}$$

5. 將步驟 1.至步驟 4.所得之數值填入**表** 6-1，作為繪製 $\tilde{X}$ — R 管制圖之依據。

6. 由**附表** A 查 n=5 時，m_3A_2、D_3、D_4 之數值。

7. 計算 $\tilde{X}$ — R 管制圖之管制上下限。計算方法如下：

$\tilde{X}$ 管制圖

$$UCL_{\tilde{X}} = \overline{\tilde{X}} + m_3A_2\overline{R}$$ UCL：管制上限

$$CL_{\tilde{X}} = \overline{\tilde{X}}$$ CL：中心線

$$LCL_{\tilde{X}} = \overline{\tilde{X}} - m_3A_2\overline{R}$$ LCL：管制下限

R 管制圖

$$UCL_R = D_4\overline{R}$$

$$CL_R = \overline{R}$$

$$LCL_R = D_3\overline{R}$$

8. 將 $\tilde{X}$ — R 管制圖之中心線及管制上下限分別繪入圖中(**圖** 6-1)，中心線用實線，管制上下限用虛線。

9. 將 25 個 $\tilde{X}$ 值與 R 值依序描繪在**圖** 6-1 之 $\tilde{X}$ 管制圖及 R 管制圖中；將超出管制上下限之點，以⊙表示，並將各點連接起來。

二、使用 $\tilde{\tilde{X}}$ 和 $\tilde{R}$ 為中心線的 $\tilde{X}$ —R 管制圖

1.~ 3 與一、步驟 1.、 2.、 3.同。

4. 找出全部樣組中位數之中位數值($\tilde{\tilde{X}}$)及全距中位數值($\tilde{R}$)。

5. 將數值填入**表** 6-1 ，作爲繪製 $\tilde{X}$ —R 管制圖之依據。

6. 由**附表** A 查 n=5 時，m_3A_3 、 D_5 、 D_6 之數值。

7. 計算 $\tilde{X}$ —R 管制圖之管制上下限。計算方法如下：

$\tilde{X}$ 管制圖

$UCL_{\tilde{X}} = \tilde{\tilde{X}} + m_3A_3\tilde{R}$　　UCL ：管制上限

$CL_{\tilde{X}} = \tilde{\tilde{X}}$　　CL ：中心線

$LCL_{\tilde{X}} = \tilde{\tilde{X}} - m_3A_3\tilde{R}$　　LCL ：管制下限

R 管制圖

$$UCL_R = D_6\tilde{R}$$

$$CL_R = \tilde{R}$$

$$LCL_R = D_5\tilde{R}$$

8.~ 9 與一、步驟 8.、 9.同。

三、使用$\overline{\tilde{X}}$和$\tilde{R}$為中心線的$\tilde{X}$ — R 管制圖

1.~ 2.與一、步驟 1.、 2.同。

3. 分別計算每個樣組之平均數($\overline{X}$)及全距(R)。
4. 找出全部樣組平均值之中位數值($\overline{\tilde{X}}$)及全距中位數值($\tilde{R}$)。
5. 將數值填入**表** 6-1 ，作爲繪製$\tilde{X}$ — R 管制圖之依據。
6. 由**附表** A 查 n=5 時，A_3、D_5、D_6之數值。
7. 計算$\tilde{X}$ — R 管制圖之管制上下限。計算方法如下：

$\tilde{X}$ 管制圖

$UCL_{\tilde{X}} = \overline{\tilde{X}} + A_3\tilde{R}$　　UCL ：管制上限

$CL_{\tilde{X}} = \overline{\tilde{X}}$　　CL ：中心線

$LCL_{\tilde{X}} = \overline{\tilde{X}} - A_3\tilde{R}$　　LCL ：管制下限

R 管制圖

$UCL_R = D_4\tilde{R}$

$CL_R = \tilde{R}$

$LCL_R = D_5\tilde{R}$

8.~ 9 與一、步驟 8.、 9.同。

【問題研討】

1. $\tilde{X}$ — R 管制圖與 $\overline{X}$ — R 管制圖使用時機有何不同？各有何優缺點？
2. 以上三種 $\tilde{X}$ — R 管制圖的方式，你認爲何種較爲精確或較爲常用？爲什麼？
3. 對你所作的實習結果研判，製程是否在管制界限內？

【結論】

實習七

計量值管制圖(三)

實習名稱
實習目的
實習設備
實習步驟
問題研討
結論

【實習名稱】

個別值—移動全距管制圖(X — R_m Chart)。

【實習目的】

瞭解 X — R_m 管制圖之製作。

【實習設備】

1. 計量值母體袋(或標有號碼的紙片一批)。
2. 記錄表及繪圖紙(如**表** 7-1)。
3. 紅、藍原子筆。
4. 30 公分直尺。

【實習步驟】

1. 自計量值母體袋中，以隨機方式抽出一個號碼(此號碼代表某一產品之特性測定值)，並將其記錄於記錄表(**表** 7-1)中第一樣組之測量值(X)欄中，然後將號碼放回母體袋中均勻混合，並重新抽出另一號碼，將此號碼記錄於記錄表中第二樣組之測量值(X)欄中，依此類推，重複至 25 次爲止，共收集 25 筆資料。
2. 將 25 個測量值加總，並求其平均值($\overline{X}$)。

表 7-1　X — R_m 管制圖記錄表

樣組 K	測量值(X)	n=2 移動全距(R_m)	n=3 移動全距(R_m)
1			
2			
3			
4			
5			
6			
7			
8			
9			
10			
11			
12			
13			
14			
15			
16			
17			
18			
19			
20			
21			
22			
23			
24			
25			
合計			
平均			

3. 將測量值加以分組，以二個爲一組(n=2)來計算移動全距，亦即第一樣組與第二樣組的測量值，兩者相減的絕對值，可得第一個移動全距值，將其記錄在第二樣組的移動全距(R_m)欄中，然後再將第二樣組與第三樣組的測量值相減取絕對值，即得到第二個移動全距值，將其記錄在第三樣組的移動全距(R_m)欄中，依此類推，可得 24 個移動全距值，並求其平均值($\overline{R_m}$)，其計算公式如下：

$$\text{移動全距} \quad R_{mi} = |X_i - X_{i+1}|$$

$$\overline{R_m} = \frac{\sum R_m}{(K - n + 1)}$$

R_{mi} ： 第 i 組的移動全距

X_i ： 第 i 個測量值

X_{i+1} ： 第 i+1 個測量值

K ： 組數

4. 由**附表** A 查 n=2 時，E_2、D_4、D_3之數值。
5. 計算 X－R_m管制圖之管制上下限。計算方法如下：

X 管制圖

$$UCL_X = \overline{X} + E_2\overline{R_m}$$
$$CL_X = \overline{X}$$
$$LCL_X = \overline{X} - E_2\overline{R_m}$$

UCL ：管制上限

CL ：中心線

LCL ：管制下限

R_m管制圖

$$UCL_{Rm} = D_4\overline{R_m}$$
$$CL_{Rm} = \overline{R_m}$$
$$LCL_{Rm} = D_3\overline{R_m}$$

6. 將 X－R_m 管制圖之中心線及管制上下限分別繪入管制圖中，中心線用實線，管制上下限用虛線。
7. 將 25 個 X 值及 24 個 R_m 值依序描繪在 X 管制圖及 R 管制圖中；將超出管制上下限之點，以⊙表示，並將各點連接起來。

【問題研討】

1. 說明製程是否在管制狀態？
2. 個別值一移動全距管制圖(X－R_m Chart)與平均數一全距管制圖($\overline{X}$－R Chart)有何異同？使用時機爲何？
3. 當移動全距以三個樣組來分組時(n=3)，其結果是否有差異？請加以檢證。

【結論】

實習八

計數值管制圖(一)

實習名稱
實習目的
實習設備
實習步驟
問題研討
結論

【實習名稱】

不良率管制圖、不良數管制圖(p Chart ， np Chart)。

【實習目的】

瞭解 p 管制圖及 np 管制圖之製作及功能。

【實習設備】

1. 計數值母體盒。
2. 記錄表及繪圖紙。
3. 紅、藍原子筆。
4. 30 公分直尺。

【實習步驟】

1. 自計數值母體盒中選定其中一種顏色的小珠爲不良品(盒中有很多不同顏色的小珠)，其餘小珠爲良品，然後計算不良品個數佔全部珠子個數的比率，此即群體不良率 p 。
2. 母體盒中有條形塑膠板及無數個小洞。若取 n=100 爲樣本，則將母體盒中空出 100 個小洞，其餘將其封住，然後將小珠倒入，上下左右翻轉數次，充分混合均勻，並使小珠填滿空洞。
3. 計算所指定顏色的小珠在洞中之數量，即爲此次抽樣 n=100 時之不良數 d ，將其記入記錄表(**表** 8-1)中。
4. 重複 2.、 3.步驟 24 次，並將結果依次填入記錄表(**表** 8-1)內。

表 8-1　P 管制圖或 nP 管制圖記錄表

樣組 K	樣本數 n	不良數 d	不良率 p	管制上限 UCL	管制下限 LCL
1					
2					
3					
4					
5					
6					
7					
8					
9					
10					
11					
12					
13					
14					
15					
16					
17					
18					
19					
20					
21					
22					
23					
24					
25					
合計	$\sum n=$	$\sum d=$	______	______	______
平均			$\overline{P}=$		

5. 計算每一組樣本的不良率 $p_i = \frac{d_i}{n_i}$ (d_i：第 i 組樣本所含不良數，n_i：第 i 組樣本所含之樣本數)。

6. 計算平均不良率($\overline{P}$)。

公式：

$$\overline{P} = \frac{\sum_{i=1}^{K} d_i}{\sum_{i=1}^{K} n_i} = \frac{d_1 + d_2 + \ldots + d_k}{n_1 + n_2 + \ldots + n_K} \quad (K：組數)$$

7. 計算 p 管制圖及 np 管制圖之中心線及管制上下限。計算公式如下：

p 管制圖

$$UCL_P = \overline{P} + 3\sqrt{\frac{\overline{P}(1-\overline{P})}{n}}$$
UCL：管制上限

$$CL_P = \overline{P}$$
CL：中心線

$$LCL_P = \overline{P} - 3\sqrt{\frac{\overline{P}(1-\overline{P})}{n}}$$
LCL：管制下限

np 管制圖

$$UCL_{np} = n\overline{p} + 3\sqrt{n\overline{p}(1-\overline{p})}$$
$$CL_{np} = n\overline{p}$$
$$LCL_{np} = n\overline{p} - 3\sqrt{n\overline{p}(1-\overline{p})}$$

8. 將中心線及管制上下限繪於圖上。

9. 將每一組之樣本不良率點入 p 管制圖中，每一組之不良數點入 np 管制圖中，並將點連接起來，觀察變化情形加以討論。

【問題研討】

1. 說明本次實驗結果是否在管制狀態？並比較群體不良率 p 與樣本平均不良率 $\overline{P}$ 的差異？
2. 以上實習爲樣本相同(n=100)的情況，若每組樣本不同時， p 管制圖及 np 管制圖有何改變？
3. 爲何不良率管制圖有管制下限(不良率愈低不是愈好嗎)？
4. 說明計量值管制圖及計數值管制圖之差異及使用時機？
5. 根據管制上下限的計算公式，可否得知此類管制圖服從何種分配？

【結論】

實習九

計數值管制圖(二)

實習名稱
實習目的
實習設備
實習步驟
問題研討
結論

【實習名稱】

缺點數管制圖、單位缺點數管制圖(C Chart, U Chart)。

【實習目的】

瞭解 C 管制圖及 U 管制圖之製作及功能。

【實習設備】

1. 計數值母體盒。
2. 記錄表及繪圖紙。
3. 紅、藍原子筆。
4. 30 公分直尺。
5. 亂數表。

【實習步驟】

一、C 管制圖

1. 自計數值母體盒中選定其中數量最多的顏色小珠爲良品(如白色)，其餘各種不同顏色各代表不同缺點(如紅、綠、藍……色)，每一個珠子代表一個缺點。
2. 將母體盒中空出 100 個小洞(即以 100 個小洞的面積爲每次檢驗單位)然後將小珠倒入，上下左右翻轉數次，充分混合均勻，並使小珠填滿空洞。

3. 計算除了選定良品的顏色外，共有多少其他顏色的珠子，即為在此面積下的缺點數 C ，將其填入記錄表(**表** 9-1)中。
4. 重複 2.、 3.步驟 24 次，並將結果依次填入記錄表(**表** 9-1)內。

表 9-1　C 管制圖或 U 管制圖記錄表

樣組 k	樣本數 n	缺點數 c	單位缺點數 u	管制上限 UCL	管制下限 LCL
1					
2					
3					
4					
5					
6					
7					
8					
9					
10					
11					
12					
13					
14					
15					
16					
17					
18					
19					
20					
21					
22					
23					
24					
25					
合計	$\sum n =$	$\sum c =$			
平均		$\bar{C}=\frac{\sum c}{K}=$	$\bar{U}=\frac{\sum c}{\sum n}=$		

5. 計算平均缺點數($\overline{C}$)。

公式：

$$\overline{C}=\frac{\sum_{i=1}^{k}C_i}{K}=\frac{C_1+C_2+\cdots+C_k}{K} \qquad \text{(K：組數)}$$

6. 計算 C 管制圖之管制上下限。計算公式如下：

$$UCLc=\overline{C}+3\sqrt{\overline{C}}$$
$$CLc=\overline{C}$$
$$LCLc=\overline{C}-3\sqrt{\overline{C}}$$

UCL：管制上限

CL：中心線

LCL：管制下限

7. 將中心線及管制上下限繪於圖上。
8. 將每一組樣本缺點數點入 C 管制圖中，並將點連接起來，觀察變化情形加以討論。

二、U 管制圖

1. 與一、步驟 1.同。
2. 準備二位數之隨機亂數表，並將數目控制在 50 與 99 之間，先任選隨機亂數表之位置作爲開端，以行序或列序找尋 25 個數值，此 25 個數值爲每次抽樣的個數(即 n 值)。
3. 依所得之 25 個數字，即爲每次抽樣的空洞數(每次的空洞數可能不相等)。以這些空洞所涵蓋之面積爲每次檢驗單位，然後將小珠倒入，上下左右翻轉數次，充分混合均勻，並使小珠填滿空洞。
4. 計算除了選定良品的顏色外，共有多少其他顏色的珠子，即爲在此面積下的缺點數 C，將其記入記錄表(**表** 9-1)中。
5. 重複 3.、4.步驟 24 次，並將結果依次填入記錄表(**表** 9-1)內。

6. 計算單位樣本缺點數(U_i)及單位樣本平均缺點數($\overline{U}$)。

公式：

$$U_i = \frac{C_i}{n_i}$$

$$\overline{U} = \frac{\sum_{i=1}^{K} C_i}{\sum_{i=1}^{K} n_i} = \frac{C_1 + C_2 + \ldots + C_K}{n_1 + n_2 + \ldots + n_K}$$

7. 計算 U 管制圖之中心線及管制上下限。計算公式如下：

$$UCL_U = \overline{U} + 3\sqrt{\frac{\overline{U}}{n_i}}$$ UCL ：管制上限

$$CL_U = \overline{U}$$ CL ：中心線

$$LCL_U = \overline{U} - 3\sqrt{\frac{\overline{U}}{n_i}}$$ LCL ：管制下限

8. 將中心線及管制上下限繪於圖上。
9. 將每一組單位樣本缺點數點入 U 管制圖，並將點連接起來，觀察變化情形加以討論。

【問題研討】

1. 說明本次實驗結果是否在管制狀態？
2. 根據管制上下限的計算公式，可否得知此類管制圖服從何種分配？
3. 說明 C 管制圖及 U 管制圖之適用時機及差異性？

【結論】

實習十

隨機抽樣法(一)

實習名稱
實習目的
實習設備
實習步驟
問題研討
結論

【實習名稱】

簡單隨機抽樣法、系統抽樣法。

【實習目的】

透過實習，使學生瞭解簡單隨機抽樣法與系統抽樣法的實行過程與運用的方式。

【實習設備】

1. 抽樣袋(或適當之袋子)。
2. 標有號碼的紙片或卡紙 200 張(編號方式如 001 ， 002 ，⋯， 200)。
3. 隨機亂數表(**附表** B)。

【實習步驟】

一、簡單隨機抽樣法

1. 紙片或卡紙抽取法

(1)準備適量(N=200 張)標有號碼之紙片或卡紙作爲代表欲調查或檢驗之母群體，並在每張紙片或卡紙上寫上欲調查或檢驗之母群體的品質特性值。

(2)將上述之紙片或卡紙放置抽樣袋中均勻攪拌，依次抽取一張(不放回)，並記錄該樣本之品質特性值，直至抽取所需之樣本(如樣本

n=30 ，即抽取 30 張)爲止。

(3)根據所抽出之樣本資料，計算該樣本之品質特性值的平均數與標準差。

公式：

$$\overline{X} = \frac{X_1 + X_2 + X_3 + \cdots + X_n}{n} \quad , \quad s = \sqrt{\frac{\sum_{i=1}^{n}(x_i - \overline{x})^2}{n-1}}$$

2. 隨機亂數表法

(1)與上述 1.紙片或卡紙抽取法之步驟(1)相同，準備好所需之母群體。

(2)依母群體 N 之個數，選定適當之亂數表(如 N=200 ，可採三位數之亂數表)。

(3)以隨機之方法選定亂數表中之一行及列，決定開始之亂數號碼。

(4)再依行序或列序每三個數字爲一樣本之編號，連續找出符合母群體中紙片或卡紙編號之樣本，並記錄被找出樣本之品質特性值，直至找出所需之樣本數(如 n=30 ，若超出母群體之編號或重複號碼則去除，由後面之亂數值遞補)。

(5)根據抽取之樣本資料，計算該樣本之品質特性值的平均數與標準差。

二、系統抽樣法

1. 等距抽樣法

(1)準備適量(N=200 張)標有號碼之紙片或卡紙作爲代表欲調查或檢驗之母群體，並在每張紙片或卡紙上寫上欲調查或檢驗之母群體的品質特性值。

(2)將母群體中的抽樣單位按某種次序排列(如按紙片或卡紙之編號，由

001 ，002 ，003 ，…，N 之次序排列)。

(3)計算每隔[N/n](取其高斯值)個單位取一樣本，並以隨機方式或亂數表決定第一個起始樣本。

(4)往後樣本以等時間間隔或等距離(即[N/n]之間隔)，抽取其他所需之樣本數，並記錄其品質特性值(註：如 N=200 ，n=10 ，則[200/10]=20 ，即每隔 20 件抽一樣本；若只抽出 n-1 個之樣本時，則編號 N 之母體亦納入樣本，使樣本總數爲 n 個)。

(5)根據抽取之樣本資料，計算該樣本之品質特性值的平均數與標準差。

【問題研討】

1. 何謂簡單隨機抽樣法及系統抽樣法。其有何不同？
2. 以隨機亂數表作簡單隨機抽樣有何優點？

【結論】

實習十一

隨機抽樣法(二)

實習名稱
實習目的
實習設備
實習步驟
問題研討
結論

【實習名稱】

分層抽樣法、集團(分組)抽樣法。

【實習目的】

透過實習，使學生瞭解分層抽樣與集團抽樣的方法，以便運用於母群體的調查，瞭解母群體之特性。

【實習設備】

1. 抽樣袋。
2. 適量之紙片或卡紙一批(以三種顏色代表上、中、下級之產品，上級品 100 件，中級品 80 件，下級品 20 件)。
3. 隨機亂數表(**附表** B)。

【實習步驟】

一、分層抽樣法：

1. 先將代表產品之 200 張紙片或卡紙依顏色分層，並在產品上註明品質特性值。
2. 將每一等級視為一母群體，再利用簡單隨機抽樣法或亂數表法(參考實習十)依比例抽出所需之樣本數(如 n=30 ，則上級品抽 15 件，中級品抽 12 件，下級品抽 3 件)，並記錄樣本之品質特性值。

3. 根據抽出之樣本資料，計算樣本之平均數與標準差。

公式：

$$\overline{X} = \frac{X_1 + X_2 + X_3 + \ldots + X_n}{n} \quad , \quad \sigma = \sqrt{\frac{\sum_{i=1}^{n} (x_i - \overline{x})^2}{n-1}}$$

二、集團(分組)抽樣法：

1. 先將代表產品之 200 張紙片或卡紙依某種標準分成若干集團(如依外徑大小分成 40 組，每組 5 件產品，共 200 件)。
2. 利用簡單隨機抽樣法或亂數表法抽出所需之樣本數，並記錄其品質特性值(如 n=30 ，則抽出樣組數 6 組(集團)；每組 5 件產品，共 30 件)。
3. 根據所抽出之樣本資料，求算樣本平均數及標準差。

【問題研討】

1. 何謂分層抽樣法，其有何優點？
2. 何謂集團(分組)抽樣法？
3. 試述分層抽樣與集團抽樣之相異點？

【結論】

實習十二

計數值抽樣法(一)

實習名稱
實習目的
實習設備
實習步驟
問題研討
結論

【實習名稱】

Dodge Roming 、 JISZ9002 及 MIL-STD-105E 計數值抽樣法。

【實習目的】

透過實習，使學生瞭解如何使用 Dodge Roming 、 JISZ9002 及 MIL-STD-105E 抽樣表制定抽樣計畫。

【實習設備】

1. 抽樣袋。
2. 適量之紙片或卡紙(包含兩種不同顏色，如白色表良品，黑色表不良品；依比例製作)。
3. 隨機亂數表。
4. Dodge Roming 抽樣表(見**附表** C)。
5. JISZ9002 抽樣表(見**附表** D)。
6. MIL-STD-105E 抽樣表(見**附表** E)。

【實習步驟】

一、 Dodge Roming 抽樣法：

1. 確定 LTPD 值或 AOQL 值(LTPD 、 AOQL 值是由買賣雙方協定，可由下表中任選一個 LTPD 或 AOQL)。

LTPD(%)	0.5	1.0	2.0	3.0	4.0	5.0	7.0	10.0
AOQL(%)	0.1	0.25	0.5	0.75	1.0	1.5	2.0	2.5
	3.0	4.0	5.0	7.0	10.0			

2. 估計製程平均不良率 $\overline{P}$。
3. 決定送驗批量。
4. 決定抽樣方式(採單次抽樣之 SL 、 SA 表，或雙次抽樣之 DL 、 DA 表)。
5. 決定抽樣計畫：

(1)選取合乎指定之 LTPD 或 AOQL 值的抽樣表。

(2)由抽樣表中查出批量 N 所屬之列。

(3)由抽樣表中查出製程平均不良率 $\overline{P}$ 所屬之行。

(4)由抽樣表中行列相交格，即可找出抽樣計畫(n ， c)。

6. 根據抽樣計畫，抽取所需樣本數(黑色表示不良品)。
7. 根據量測結果，判定送驗批允收或拒收(不良品個數＞ C ，則拒收)。
8. 對拒收批進行全數檢驗，剔除不良品，補以良品。
9. 請依問題研討之問題 1.進行適當之實習步驟。

二、 JISZ9002 抽樣法：

1. 決定品質基準。
2. 由買賣雙方協定 P_0(允收品質水準)及 P_1(拒收品質水準)。
3. 決定送驗批量 N 。
4. 自 JISZ9002 抽樣表查出 P_0 列及 P_1 行之相交欄位，以決定抽樣計畫(n ， c)。

5. 根據抽樣計畫，隨機抽取所需樣本數。
6. 根據量測結果，判定送驗批允收或拒收。
7. 請依問題研討之問題 2.進行適當之實習步驟。

三、 MIL-STD-105E 抽樣法：

1. 決定品質之判定基準。
2. 指定抽樣方式，單次或雙次抽樣。
3. 由買賣雙方決定 AQL 值。
4. 決定檢驗水準；MIL-STD- 105E 抽樣水準有七種：I、II、III、S-1、S-2 、 S-3 、 S-4 ，一般使用檢驗水準 II 。
5. 確定執行正常檢驗？加嚴(嚴格)檢驗？減量檢驗？
6. 根據批量 N(如 N=200)及檢驗水準，查**附表** E-1 ，找出樣本代字。
7. 根據檢驗之鬆緊度、 AQL 代表值及樣本代字查出抽樣計畫〔單次抽樣計畫(n ， A_c)或雙次抽樣計畫(n_1 ， A_{c1} ， R_{e1} ， n_2 ， A_{c2} ， R_{e2})〕。
8. 根據抽樣計畫，隨機抽取所需樣本數(黑色紙片表不良品)。
9. 依量測結果，判定該批產品允收或拒收。
10. 根據檢驗結果，依抽樣轉換規則調整抽樣之嚴格度。
11. 請依問題研討之問題 3.進行適當之實習步驟。

【問題研討】

1. 若有一批電器產品 N=200 ，其製程平均不良率 $\overline{P}$=1.0%， β=10%，該公司品管課長欲使用 Dodge Roming 抽樣表，管制該公司產品品質，經買賣雙方協定 AOQL=3.0%， LTPD=3.0%，請爲該公司建立 AOQL 及 LTPD 之單次及雙次的抽樣計畫？
2. 新竹科學園區某家電子 IC 廠商與其代加工廠商協定 P_0=2.0%， α=5%， P_1=10%， β=10%，現有一批產品 N=200 欲送驗，請依 JIS Z9002 規準型單次抽樣計表來制定抽樣計畫？

3. 某廠商使用 MIL-STD-105E 抽樣表，欲管制其產品品質，請依下述情況，為其制定抽樣計畫。

(1)N=200 ， AQL=6.5%，檢驗水準 II ，求正常檢驗之單次及雙次抽樣檢驗計畫。

(2)N=200 ， AQL=2.5%，檢驗水準 III ，求加嚴檢驗之單次及雙次抽樣檢驗計畫。

(3)N=200 ， AQL=4.0%，檢驗水準 II ，求減量檢驗之單次及雙次抽樣檢驗計畫。

【結論】

實習十三

計數值抽樣法(二)

實習名稱
實習目的
實習設備
實習步驟
問題研討
結論

【實習名稱】

CSP-1 、 CSP-2 及 CSP-3 連續型計數值抽樣法。

【實習目的】

透過實習，使學生瞭解如何使用 CSP-1 、 CSP-2 及 CSP-3 抽樣表制定抽樣計畫。

【實習設備】

1. 抽樣袋。
2. 適量之紙片或卡紙(包含兩種不同顏色，如白色表良品，黑色表不良品；依比例製作)。
3. 隨機亂數表。
4. CSP-1 抽樣表(見**附表** F)。
5. CSP-2 抽樣表(見**附表** G)。

【實習步驟】

一、 CSP-1 抽樣法：

1. 確定 AOQL 值。
2. 依 AOQL 值，查 CSP-1 表找出(f ， i)之組合(f 爲檢驗的頻率， i 爲乾淨區間；即進行抽樣檢驗前所需檢驗產品之件數)。
3. 開始依生產順序全數檢驗 i 件產品(可隨機抽取已準備之紙片或卡紙 i

件，表示生產線上連續生產之產品)。

4. 連續檢驗 i 件產品未發現不良品時(白色表示良品，黑色表示不良品)，則進行下一步驟，改採抽樣檢驗，否則繼續進行 100%全數檢驗。
5. 依抽驗頻率 f，每隔 $\frac{1}{f}$ 件檢驗一件(如 $f=\frac{1}{3}$，則每隔 $\frac{1}{f}$ =3 件抽一件)。
6. 若抽檢時一出現不良品(即抽中黑色紙片或卡紙)，回至第 3 步驟進行 100%之全數檢驗。
7. 請依問題研討之問題 1.進行實習步驟，以建立局部之抽樣檢驗之工作單(如**表** 13-1)。

表 13-1　CSP-1 抽樣檢驗之工作單

f \ i	1	2	3	4	5	6	7
100%	V	V	V	V	V	×	
100%	V	V	V	V	V	V	V
$\frac{1}{3}$	V	V	V	V	V	V	V
$\frac{1}{3}$	V	V	V	×			
100%	V	V	V	V	V	V	×

二、 CSP-2 抽樣法：

1. 確定 AOQL 值。
2. 依 AOQL 值，查 CSP-2 表找出(f ， i)之組合。
3. 依實習步驟一、中之 3.至 5.的步驟進行檢驗。
4. 若抽驗時出現不良品，則繼續檢驗 k 件產品(k=i)，若未發現不良品，則繼續進行抽樣檢驗，否則回至第 3 步驟進行 100%之全數檢驗。
5. 請依問題研討之問題 2.進行實習步驟，以建立其工作單(如**表** 13-1)。

三、 CSP-3 抽樣法：

1. 確定 AOQL 值。
2. 依 AOQL 值，查 CSP-2 表找出(f ， i)之組合。
3. 依實習步驟一、中之 3.至 5.的步驟進行檢驗。
4. 若抽驗時出現不良品，則連續檢驗 4 件產品(即連續抽出 4 張紙片或卡紙)，若此 4 件產品皆為良品，則進行下一步驟，否則回至第 3 步驟進行 100%之全數檢驗。
5. 繼續抽檢 k 件產品(k=i)，若未發現不良品，則繼續進行抽樣檢驗，否則回至第 3 步驟進行 100%之全數檢驗。
6. 請依問題研討之問題 3.進行實習步驟，以建立其工作單(如表 13-1)。

【問題研討】

1. 某工廠之連續生產線上，有一道製程是以車床車削工件外徑，其 AOQL=7.12%。若選用 CSP-1 連續抽樣法， $f=\frac{1}{3}$ 。請為該工廠建立局部之抽樣檢驗工作單。
2. 情況同題 1. ，但改採 CSP-2 連續抽樣法， $f=\frac{1}{3}$ 。請為該工廠建立局部之抽樣檢驗工作單。
3. 情況同題 1. ，但改採 CSP-3 連續抽樣法， $f=\frac{1}{3}$ 。請為該工廠建立局部之抽樣檢驗工作單。
4. 連續抽樣法適用時機為何？

【結論】

實習十四

計量值抽樣法(一)

實習名稱
實習目的
實習設備
實習步驟
問題研討
結論

【實習名稱】

JIS Z9003 、 JIS Z9004 計量值單次抽樣計畫。

【實習目的】

透過實習，使學生瞭解如何使用 JIS Z9003 、 JIS Z9004 計量值單次抽樣計畫。

【實習設備】

1. 抽樣袋。
2. 適量之紙片或卡紙(每張紙標上品質特性值)。
3. 隨機亂數表(**附表** B)。
4. JIS Z9003 抽樣表(σ 已知，平均數型，**附表** H-1)。
5. JIS Z9003 抽樣表(σ 已知，不良率型，**附表** H-2)。
6. JIS Z9004 抽樣表(σ 未知，不良率型，**附表** I)。

【實習步驟】

一、 JIS Z9003 抽樣計畫(σ 已知，平均數型)

1. 確定產品品質特性之測定方法(請事先將產品品質特性值標在紙片或卡紙上)。
2. 雙方協商確定 m_0 、 m_1 值(m_0 ：爲合格之批平均值， m_1 ：爲不合格之批平均值)。

3. 確定送驗批之標準差 σ (求算事先準備之母群體之品質特性之標準差，爲指定之 σ)。

4. 查表決定樣本數 n 及係數 G_0 。

(1)若 $m_0 > m_1$ (即品質特性值越大越好)時。

①計算 $\frac{m_0 - m_1}{\sigma}$ 值(算至第 3 位小數)。

②根據 $\frac{m_0 - m_1}{\sigma}$ 之值，查表 JIS Z9003(**附表** H-1)，找出 n 及 G_0 值。

③計算 $\overline{X_L}$ ($\overline{X_L} = m_0 - G_0\sigma$ ，爲下限合格判定值)。

(2)若 $m_0 < m_1$ (即品質特性值越小越好)時。

①計算 $\frac{m_1 - m_0}{\sigma}$ 值(算至第 3 位小數)。

②根據 $\frac{m_1 - m_0}{\sigma}$ 之值，查表 JIS Z9003(**附表** H-1)，找出 n 及 G_0 值。

③計算 $\overline{X_U}$ ($\overline{X_U} = m_0 + G_0\sigma$ ，爲上限合格判定值)。

5. 隨機抽取所需樣本(如 n=5 ，則隨機抽取 5 張紙片或卡紙當樣本)。

6. 量測且記錄樣本之品質特性值，並求算其樣本平均數 $\overline{X}$ 。

7. 判定送驗批允收或拒收。

(1)當 $m_0 > m_1$ 時：

如果 $\overline{X} \geq \overline{X_L}$ ，允收；

如果 $\overline{X} < \overline{X_L}$ ，拒收。

(2)當 $m_0 < m_1$ 時：

如果 $\overline{X} \leq \overline{X_U}$ ，允收；

如果 $\overline{X} > \overline{X_U}$ ，拒收。

8. 請依問題研討之問題 1.進行實習步驟。

二、 JIS Z9003 抽樣計畫(σ 已知，不良率型)

1. 確定產品規格上限 U 或規格下限 L(由買賣雙方協商訂定)。
2. 確定 p_0、 p_1 值(p_0：爲合格之批不良率， p_1：爲不合格之批不良率)。
3. 確定送驗批之標準差 σ (求算事先準備之母群體之品質特性之標準差，爲指定之 σ)。
4. 根據 p_0、 p_1 值，查表 H-2 ，決定樣本數 n 及係數 k 。

   (1)若指定規格上限 U 時，計算 $\overline{X_U} = U - k\sigma$ 。
   (2)若指定規格下限 L 時，計算 $\overline{X_L} = L + k\sigma$ 。

5. 根據抽樣計畫，隨機抽取所需樣本(如 n=5 ，則隨機抽取 5 張紙片或卡紙當樣本)。
6. 量測且記錄樣本之品質特性值，並求算其樣本平均數 $\overline{X}$ 。
7. 判定送驗批允收或拒收。

   (1)若指定規格上限 U 時：
   如果 $\overline{X} \leq \overline{X_U}$ ，允收；
   如果 $\overline{X} > \overline{X_U}$ ，拒收。
   (2)若指定規格下限 L 時：
   如果 $\overline{X} \geq \overline{X_L}$ ，允收；
   如果 $\overline{X} < \overline{X_L}$ ，拒收。

8. 請依問題研討之問題 2.進行實習步驟。

三、 JIS Z9004 抽樣計畫(σ未知，不良率型)

1. 確定產品規格上限 U 或規格下限 L(由買賣雙方協商訂定)。
2. 確定 p_0 、 p_1 值(p_0 ：爲合格之批不良率， p_1 ：爲不合格之批不良率)。
3. 根據 p_0 、 p_1 查表 K ，決定樣本數 n 及係數 k 。
4. 根據抽樣計畫，隨機抽取所需樣本(如 n=5 ，則隨機抽取 5 張紙片或卡紙當樣本)。
5. 量測且記錄樣本之品質特性值，並求算其樣本平均數 $\overline{X}$ 及樣本標準差 S 。

   公式：

$$\overline{X} = \frac{X_1 + X_2 + X_3 + \cdots + X_n}{n} \quad , \quad s = \sqrt{\frac{\sum_{i=1}^{n}(x_i - \overline{x})^2}{n-1}}$$

6. 計算：

   (1)若指定規格上限 U 時，計算 $\overline{X_U} = U - ks$ 。

   (2)若指定規格下限 L 時，計算 $\overline{X_L} = L + ks$ 。

7. 判定送驗批允收或拒收。

   (1)若指定規格上限 U 時：

   如果 $\overline{X} \leq \overline{X_U}$ ，允收；

   如果 $\overline{X} > \overline{X_L}$ ，拒收。

   (2)若指定規格下限 L 時：

   如果 $\overline{X} \geq \overline{X_L}$ ，允收；

   如果 $\overline{X} < \overline{X_U}$ ，拒收。

8. 請依問題研討之問題 3.進行實習步驟。

【問題研討】

1. 某工廠生產一零件一批，其外徑之品質特性值如**表** 14-1 ，請依**表** 14-1 零件之品質特性值填寫至所準備之紙片或卡紙上，或按順序給予編號後，以亂數表抽所需之樣本，並依下述情況爲其建立 JIS Z9003 之抽樣計畫。

   (1)若 $m_0 = 30mm$ ， $m_1 = 29mm$ ，σ 已知(根據**表** 14-1 求算)，$\alpha = 5\%$，$\beta = 10\%$。

   (2)若 $m_0 = 30mm$ ， $m_1 = 32mm$ ，σ 根據**表** 14-1 求算，$\alpha = 5\%$，$\beta = 10\%$。

表 14-1　某零件之外徑(單位： mm)

29	29	32	31	35	33	34	30	30	31
32	37	33	29	29	36	30	29	31	32
35	41	34	28	28	30	32	28	34	30
28	27	35	27	29	34	35	29	36	28
27	28	34	34	32	38	30	30	30	37
29	26	30	40	31	37	29	32	28	29
30	31	28	32	34	36	28	31	29	31
30	32	29	30	35	28	30	30	35	30
31	35	27	31	35	36	34	33	34	32
32	33	38	32	30	35	32	31	30	29

2. 情況同題 1.，並依下述情況爲其建立 JIS Z9003 之抽樣計畫。

   (1)其零件外徑之品質特性的規格上限爲 36mm ，若外徑超過規格上限之零件低於 1.5%($p_0 = 1.5\%$)，則允收。若外徑超過規格上限之零件高於 10%(p_1=10%)，則拒收。σ 根據**表** 14-1 求算，α=5%，β=10%。

(2)其零件之品質特性的規格下限為 28mm ，若外徑不足 28mm 的零件少於 2%(p_0 =2%)，則允收。若外徑不足 28mm 的零件多於 10%(p_1 =10%)，則拒收。σ 根據**表** 14-1 求算，α=5%，β=10%。

3. 情況同題 2.，但其 σ 未知，請依 JIS Z9004 抽樣表建立其抽樣計畫。

【結論】

實習十五

計量值抽樣法(二)

實習名稱
實習目的
實習設備
實習步驟
問題研討
結論

【實習名稱】

MIL-STD-414 計量值抽樣計畫(σ 已知)。

【實習目的】

使學生了解如何利用 MIL-STD-414 抽樣表，制定計量值抽樣檢驗計畫。

【實習設備】

1. 抽樣袋。
2. 適量紙片或卡紙(標有計量值之品質特性)。
3. MIL-STD-414 抽樣表(σ 已知，**附表** J3-J6)。

【實習步驟】

一、單邊規格界限(σ 已知，k 法：不需估計送驗批不良率)

1. 確定產品品質特性基準，即給定規格上限 U 或規格下限 L 。
2. 確定 AQL 值。
3. 確定檢驗水準； MIL-STD-414 有五種檢驗水準：I ，II ，III ； S1 ，S2 。一般選用檢驗水準 II 。
4. 確定執行正常檢驗？加嚴(嚴格)檢驗？減量檢驗？
5. 根據指定之 AQL 值，查**附表** J-1 ，找出 AQL 之代表值。
6. 根據批量 N(如 N=200)及檢驗水準，查**附表** J-2 ，找出樣本代字。
7. 根據檢驗之鬆緊度， AQL 代表值及樣本代字查出抽樣計畫(n 及 k 值)。

8. 隨機抽出所需之樣本數，量測並記錄其品質特性。

9. 計算樣本平均數 $\overline{X}$ ，及其品質係數 Q_U 或 Q_L 。

公式：

$$Q_U = \frac{(U - \overline{X})}{\sigma} \text{ 或 } Q_L = \frac{(\overline{X} - L)}{\sigma}$$

10.判定該批產品允收或不允收：

如果 Q_U 或 $Q_L \geq k$ ，允收；

如果 Q_U 或 $Q_L < k$ ，不允收。

11.依問題研討之問題 1.進行適當之實習步驟。

二、單邊規格界限(σ 已知， M 法：需估計送驗批不良率)

1. 依上述一、第 1.至 7.步驟，制定其抽樣計畫(n ， M ， υ)。
2. 根據抽樣計畫，隨機抽出所需之樣本數，量測並記錄其品質特性值。
3. 計算樣本平均數 $\overline{X}$ ，及其品質係數 Q_U 或 Q_L 。

公式：

$$Q_U = \frac{(U - \overline{X})\upsilon}{\sigma} \text{ 或 } Q_L = \frac{(\overline{X} - L)\upsilon}{\sigma}$$

4. 根據 Q_U 或 Q_L ，查出估計不良率 P_U 或 P_L(**附表** K-1)。
5. 判定該批產品允收或不允收：

如果 P_U 或 $P_L \leq M$ ，允收；

如果 P_U 或 $P_L > M$ ，不允收。

6. 依問題研討之問題 2.進行適當之實習步驟。

三、雙邊規格界限(σ已知，M 法：需估計送驗批不良率)

1. 對規格上、下限綜合給出一個 AQL 值：

(1)依上述一、第 1.至 7.步驟，制定其抽樣計畫(n ， M ， υ)。

(2)根據抽樣計畫，隨機抽出所需之樣本數，量測並記錄其品質特性值。

(3)計算樣本平均數 $\overline{X}$ ，及其品質係數 Q_U 及 Q_L 。

公式：

$$Q_U = \frac{(U - \overline{X})\upsilon}{\sigma} \quad 及 \quad Q_L = \frac{(\overline{X} - L)\upsilon}{\sigma}$$

(4)根據 Q_U 及 Q_L ，查出估計不良率 P_U 及 P_L(**附表** K-1)。

(5)計算估計之總不良率 $P= P_U+P_L$ 。

(6)判定該批產品允收或不允收：

如果 $P \le M$ ，允收；

如果 $P > M$ ，不允收。

(7)依問題研討之問題 3.進行適當之實習步驟。

2. 對規格上、下限分別給出不同之 AQL 值：

(1)依上述一、第 1.至 7.步驟，制定其抽樣計畫〔 n ， $M(M_U$ 、 $M_L)$， υ 〕。

(2)根據抽樣計畫，隨機抽出所需之樣本數，量測並記錄其品質特性值。

(3)計算樣本平均數 $\overline{X}$ ，及其品質係數 Q_U 及 Q_L 。

公式：

$$Q_U = \frac{(U - \overline{X})\upsilon}{\sigma} \quad 及 \quad Q_L = \frac{(\overline{X} - L)\upsilon}{\sigma}$$

(4)根據 Q_U 及 Q_L，查出估計不良率 P_U 及 P_L(**附表** K-1)。

(5)計算估計之總不良率 $P= P_U+P_L$。

(6)判定該批產品允收或不允收：

如果 $P_U \le M_U$、 $P_L \le M_L$ 及 $P \le \max(M_U, M_L)$，允收；

否則不允收。

(7)依問題研討之問題 3.進行適當之實習步驟。

【問題研討】

1. 某工廠生產數種零件外銷國外，出廠前需經過一系列之抽樣檢驗，請依下述不同條件爲該工廠建立不同之抽樣計畫，並依實習步驟判定該批產品是否可出口：

(1)送驗批 N=200 件，品質特性值之規格上限 U 值爲 20mm，檢驗水準 II， AQL=1.5%，σ=6.5mm。

(2)送驗批 N=200 件，品質特性值之規格下限 L 值爲 20mm，檢驗水準 III， AQL=1.5%，σ=6.5mm。

(3)請依(1)及(2)兩種情況，分別就正常檢驗、加嚴檢驗及減量檢驗建立其抽樣計畫(不需估計送驗批不良率)。

2. 情況如問題 1.，需估計送驗批之不良率，請爲該工廠建立各種抽樣計畫。
3. 情況如問題 1.，需估計送驗批之不良率，請依下述不同情況爲該工廠建立各種抽樣計畫。

(1)送驗批 N=200 件，品質特性值之規格上限 U 值爲 20mm，規格下限 L 值爲 18.5mm，檢驗水準 II，對 U、L 給定綜合 AQL=1.5%，σ=6.5mm。

(2)送驗批 N=200 件，品質特性值之規格上限 U 值爲 20mm，規格下限

L 值為 18.5mm ，檢驗水準 II ， AQL_U=2.5%， AQL_L=1.5%，σ=6.5mm 。

(3)請依(1)及(2)兩種情況，分別就正常檢驗、加嚴檢驗及減量檢驗建立其抽樣計畫(k 法)。

【結論】

實習十六

計量值抽樣法(三)

實習名稱
實習目的
實習設備
實習步驟
問題研討
結論

【實習名稱】

MIL-STD-414 計量值抽樣計畫(σ 未知)。

【實習目的】

使學生了解如何利用 MIL-STD-414 抽樣表，制定計量值抽樣檢驗計畫。

【實習設備】

1. 抽樣袋。
2. 適量紙片或卡紙(標有計量值之品質特性)。
3. MIL-STD-414 抽樣表(σ 未知，**附表** J-7 ～ J-10)。

【實習步驟】

一、單邊規格界限(σ 未知，k 法：不需估計送驗批不良率)

1. 確定產品品質特性基準，即給定規格上限 U 或規格下限 L 。
2. 確定 AQL 值。
3. 確定檢驗水準； MIL-STD-414 有五種檢驗水準： I ， II ， III ； S1 ， S2 。一般選用檢驗水準 II 。
4. 確定執行正常檢驗？加嚴(嚴格)檢驗？減量檢驗？
5. 根據指定之 AQL 值，查**附表** J-1 ，找出 AQL 之代表值。
6. 根據批量 N(如 N=200)及檢驗水準，查**附表** J-2 ，找出樣本代字。
7. 根據檢驗之鬆緊度， AQL 代表值及樣本代字查出抽樣計畫(n 及 k 值)。

8. 隨機抽出所需之樣本數，量測並記錄其品質特性。

9. 計算樣本平均數$\overline{X}$、樣本變異數 s^2，及其品質係數 Q_U 或 Q_L 。

公式：

$$\overline{X} = \frac{X_1 + X_2 + X_3 + \cdots + X_n}{n} \qquad s = \sqrt{\frac{\sum_{i=1}^{n}(X_i - \overline{X})^2}{n-1}}$$

$$Q_U = \frac{(U - \overline{X})}{S} \text{ 或 } Q_L = \frac{(\overline{X} - L)}{S}$$

10.判定該批產品允收或不允收：

如果 Q_U 或 $Q_L \geq k$ ，允收；

如果 Q_U 或 $Q_L < k$ ，不允收。

11.依問題研討之問題 1.進行適當之實習步驟。

二、單邊規格界限(σ 未知， M 法：需估計送驗批不良率)

1. 依上述一、第 1.至 7.步驟，制定其抽樣計畫(n ， M)。
2. 根據抽樣計畫，隨機抽出所需之樣本數，量測並記錄其品質特性值。
3. 計算樣本平均數$\overline{X}$、樣本變異數 s^2，及其品質係數 Q_U 或 Q_L 。

公式：

$$Q_U = \frac{(U - \overline{X})}{S} \text{ 或 } Q_L = \frac{(\overline{X} - L)}{S}$$

4. 根據 Q_U 或 Q_L ，查出估計不良率 P_U 或 P_L(**附表** K-2)。
5. 判定該批產品允收或不允收：

如果 P_U 或 $P_L \leq M$ ，允收；

如果 P_U 或 $P_L > M$ ，不允收。

6. 依問題研討之問題 2.進行適當之實習步驟。

三、雙邊規格界限(σ 未知，M 法：需估計送驗批不良率)

1. 對規格上、下限綜合給出一個 AQL 值：

(1)依上述一、第 1.至 7.步驟，制定其抽樣計畫(n ， M)。

(2)根據抽樣計畫，隨機抽出所需之樣本數，量測並記錄其品質特性值。

(3)計算樣本平均數 $\overline{X}$ 、樣本變異數 s^2 ，及其品質係數 Q_U 及 Q_L 。

公式：

$$Q_U = \frac{(U - \overline{X})}{S} \text{ 及 } Q_L = \frac{(\overline{X} - L)}{S}$$

(4)根據 Q_U 及 Q_L ，查出估計不良率 P_U 及 P_L(**附表** K-2)。

(5)計算估計之總不良率 $P= P_U+P_L$ 。

(6)判定該批產品允收或不允收：

如果 $P \leq M$ ，允收；

如果 $P > M$ ，不允收。

(7)依問題研討之問題 3.進行適當之實習步驟。

2. 對規格上、下限分別給出不同之 AQL 值：

(1)依上述一、第 1.至 7.步驟，制定其抽樣計畫〔 n ， M(M_U 、 M_L)〕。

(2)根據抽樣計畫，隨機抽出所需之樣本數，量測並記錄其品質特性值。

(3)計算樣本平均數 $\overline{X}$ 、樣本變異數 s^2 ，及其品質係數 Q_U 及 Q_L 。

公式：

$$Q_U = \frac{(U - \overline{X})}{S} \text{ 及 } Q_L = \frac{(\overline{X} - L)}{S}$$

(4)根據 Q_U 及 Q_L ，查出估計不良率 P_U 及 P_L(**附表** K-2)。

(5)計算估計之總不良率 $P= P_U+P_L$ 。

(6)判定該批產品允收或不允收：

如果 $P_U \le M_U$ 、 $P_L \le M_L$ 及 $P \le \max(M_U , M_L)$，允收；

否則不允收。

(7)依問題研討之問題 3.進行適當之實習步驟。

【問題研討】

1. 某工廠生產數種零件外銷國外，出廠前需經過一系列之抽樣檢驗，請依下述不同條件爲該工廠建立不同之抽樣計畫，並依實習步驟判定該批產品是否可出口：

   (1)送驗批 N=200 件，品質特性值之規格上限 U 值爲 20mm ，檢驗水準 II ， AQL=2.5%。

   (2)送驗批 N=200 件，品質特性值之規格下限 L 值爲 20mm ，檢驗水準 III ， AQL=2.5%。

   (3)請依(1)及(2)兩種情況，分別就正常檢驗、加嚴檢驗及減量檢驗建立其抽樣計畫(不需估計送驗批不良率)。

2. 情況如問題 1.，需估計送驗批之不良率，請爲該工廠建立各種抽樣計畫。

3. 情況如問題 1.，需估計送驗批之不良率，請依下數不同情況爲該工廠建立各種抽樣計畫。

   (1)送驗批 N=200 件，品質特性值之規格上限 U 值爲 20.5mm ，規格下限 L 值爲 18mm ，檢驗水準 II ，對 U 、 L 給定綜合 AQL=1.5%。

   (2)送驗批 N=200 件，品質特性值之規格上限 U 值爲 20mm ，規格下限 L 值爲 18.5mm ，檢驗水準 II ， AQL_U=2.5%， AQL_L=1.5%。

(3)請依(1)及(2)兩種情況，分別就正常檢驗、加嚴檢驗及減量檢驗建立其抽樣計畫。

【結論】

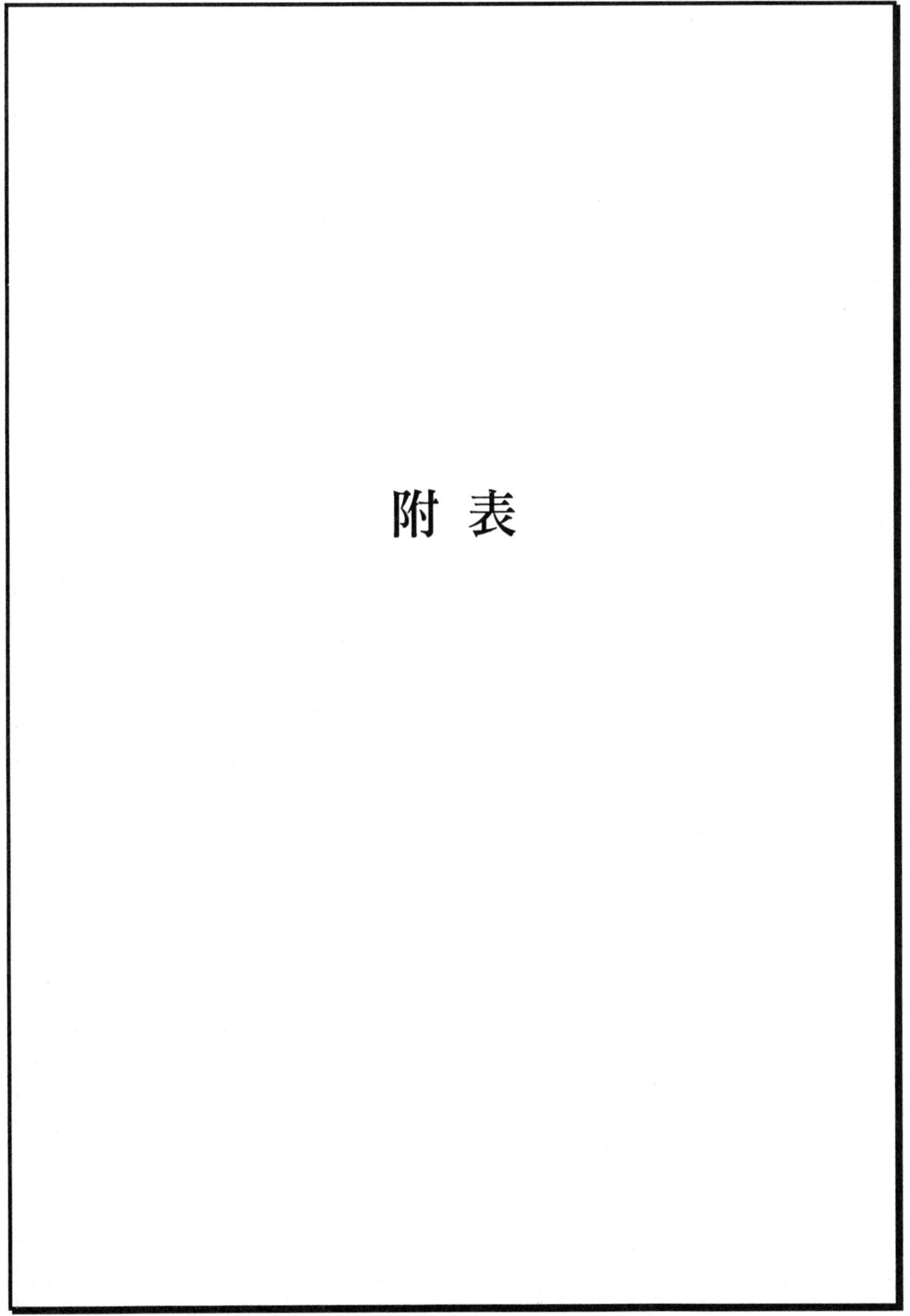

附表

表 A　品質管制常用數據表

樣本數 n	中位數管制圖						平均數管制圖				標準差管制圖						全距管制圖								最大值與最小值管制圖	個別值管制圖
	管制界限係數						管制界限係數				中線係數		管制界限係數				中線係數		管制界限係數						管制界限係數	管制界限係數
	m_3	m_3A_2	m_3A_3	A_3	D_5	D_6	A	A_1	A_2	A_3	C_2	$1/C_2$	B_1	B_2	B_3	B_4	d_2	$1/d_2$	d_3	D_1	D_2	D_3	D_4	d_m	A_9	E_2
2	1.010	1.880	2.224	2.224	0.000	3.865	2.121	3.760	1.880	2.659	0.6642	1.7725	0.000	1.843	0.000	3.267	1.128	0.8865	0.853	0.000	3.686	0.000	3.267	0.954	2.695	2.660
3	1.100	1.187	1.265	1.265	0.000	2.745	1.732	2.394	1.023	1.954	0.7236	1.3820	0.000	1.858	0.000	2.568	1.693	0.5907	0.888	0.000	4.358	0.000	2.575	1.588	1.926	1.772
4	1.012	0.796	0.828	0.829	0.000	2.375	1.500	1.880	0.729	1.628	0.7979	1.2533	0.000	1.808	0.000	2.266	2.059	0.4857	0.880	0.000	4.698	0.000	2.282	1.978	1.522	1.457
5	1.118	0.691	0.712	0.712	0.000	2.179	1.342	1.596	0.577	1.427	0.8407	1.1894	0.000	1.756	0.000	2.089	2.326	0.4299	0.864	0.000	4.918	0.000	2.115	2.257	1.363	1.290
6	1.135	0.549	0.562	0.562	0.000	2.055	1.225	1.410	0.483	1.287	0.8686	1.1512	0.026	1.711	0.030	1.970	2.534	0.3946	0.848	0.000	5.078	0.000	2.004	2.472	1.263	1.184
7	1.214	0.504	0.520	0.520	0.078	1.967	1.134	1.277	0.419	1.182	0.8882	1.1259	0.105	1.672	0.118	1.882	2.704	0.3698	0.833	0.205	5.203	0.076	1.924	2.645	1.194	1.169
8	1.160	0.432	0.441	0.441	0.139	1.901	1.051	1.175	0.373	1.099	0.9027	1.1078	0.167	1.638	0.185	1.815	2.847	0.3512	0.820	0.337	5.307	0.196	1.864	2.791	1.143	1.054
9	1.223	0.412	0.419	0.419	0.187	1.850	1.000	1.094	0.337	1.032	0.9139	1.0942	0.219	1.609	0.239	1.761	2.970	0.3367	0.808	0.546	5.394	0.134	1.816	2.916	1.104	1.010
10	1.177	0.363	0.369	0.369	0.227	1.809	0.949	1.028	0.308	0.975	0.9227	1.0837	0.262	1.584	0.284	1.716	3.078	0.3249	0.797	0.687	5.469	0.223	1.777	3.024	1.072	0.975
11							0.905	0.973	0.285	0.927	0.9300	1.0753	0.299	1.561	0.321	1.679	3.173	0.3152	0.787	0.812	5.534	0.256	1.744			
12							0.866	0.925	0.266	0.886	0.9359	1.0684	0.331	1.541	0.354	1.646	3.258	0.3069	0.778	0.924	5.592	0.284	1.716			
13							0.832	0.884	0.249	0.850	0.9410	1.0627	0.359	1.523	0.382	1.618	3.336	0.2998	0.770	1.026	5.646	0.308	1.692			
14							0.802	0.848	0.235	0.817	0.9453	1.0579	0.384	1.507	0.406	1.594	3.407	0.2935	0.762	1.121	5.693	0.329	1.671			
15							0.775	0.816	0.223	0.789	0.9490	1.0537	0.406	1.492	0.428	1.572	3.472	0.2880	0.755	1.207	5.737	0.348	1.652			
16							0.750	0.788	0.212	0.763	0.9523	1.0501	0.427	1.478	0.448	1.552	3.532	0.2831	0.749	1.285	5.779	0.364	1.636			
17							0.728	0.762	0.203	0.739	0.9551	1.0470	0.445	1.465	0.466	1.534	3.588	0.2787	0.743	1.359	5.817	0.379	1.621			
18							0.707	0.738	0.194	0.718	0.9576	1.0442	0.461	1.454	0.482	1.518	3.640	0.2747	0.738	1.426	5.854	0.392	1.608			
19							0.688	0.717	0.187	0.698	0.9599	1.0418	0.477	1.443	0.497	1.503	3.689	0.2711	0.733	1.490	5.888	0.404	1.596			
20							0.671	0.697	0.180	0.680	0.9619	1.0396	0.491	1.433	0.510	1.490	3.735	0.2677	0.729	1.548	5.922	0.414	1.586			
21							0.655	0.679	0.173	0.663	0.9638	1.0376	0.504	1.424	0.523	1.477	3.778	0.2647	0.724	1.606	5.950	0.425	1.575			
22							0.640	0.662	0.167	0.647	0.9655	1.0358	0.516	1.415	0.534	1.466	3.819	0.2618	0.720	1.659	5.979	0.434	1.566			
23							0.626	0.647	0.162	0.633	0.9670	1.0342	0.527	1.407	0.545	1.455	3.858	0.2592	0.716	1.710	6.006	0.443	1.557			
24							0.612	0.632	0.157	0.619	0.9684	1.0327	0.538	1.399	0.555	1.445	3.895	0.2567	0.712	1.759	6.031	0.452	1.548			
25							0.600	0.619	0.153	0.606	0.9696	1.0313	0.548	1.392	0.565	1.435	3.931	0.2544	0.709	1.804	6.058	0.459	1.541			

表B　隨機亂數表

9069	7629	5766	2237	3069	6004	3792	2530
4321	5890	0822	5994	9996	8961	1262	5870
4195	5124	9161	6899	6857	6455	7662	7035
8589	4464	0905	8676	4514	8790	7186	4691
1007	3877	2592	8860	5753	8661	7694	5013
7047	2263	8242	9363	0458	5459	2369	3815
6974	5289	7527	6283	3635	1209	3791	1709
6203	5675	0586	8541	7337	3896	3060	1726
3888	0533	6091	6066	2169	4146	1047	3999
9860	9589	0814	1976	8775	8710	0231	8630
3845	7559	3167	1845	5491	4805	7966	9334
5732	0238	6134	5642	7306	2351	3150	2848
9534	6145	1823	0269	6577	4545	2181	9347
3574	9563	8359	4776	0111	9110	6160	8471
6574	1550	9890	5275	3005	3922	7048	1569
3756	6594	6634	9824	1318	6586	4075	5091
5569	2958	8823	3073	2471	1512	1015	9361
9109	2166	2148	9374	9483	2111	7095	8421
1165	2712	2021	6154	5522	9017	0354	0754
8078	2347	6410	2480	7247	1283	1307	6651
0179	4334	7117	2530	2504	4703	1756	0688
1125	2677	9553	7596	1407	3062	4701	9624
9936	2780	0687	7901	4265	5741	3310	2535
2827	1781	7272	4947	8892	7557	3134	8504
5389	9850	5081	5267	5164	1340	0605	5451
2166	6647	7554	4773	9682	3348	8503	8358
3760	1243	7458	6177	8038	2223	2679	4284
7522	6494	8298	7868	0822	8806	9255	3581
3111	6280	3705	0257	0298	6587	8677	8291
6589	0555	8479	4523	0150	4309	2756	9037
3879	9015	1218	3420	1552	8760	2758	3897
4607	5549	8957	1643	7731	6421	4639	0839
6202	0118	0479	4969	5067	3423	2718	1440
6226	1693	7411	0887	8890	0987	6252	8683
8490	3667	9016	6370	3826	4061	4548	6521
0267	5886	8597	3128	1833	7218	2997	4017
4977	9118	3327	7049	0913	0947	9262	8071
3846	7549	8036	7688	4659	9984	4752	7859
4786	4360	7316	7631	4046	0174	8035	4080
1680	4395	6313	9927	0274	1499	7072	4169

Dodge Roming 雙次抽樣表

表C　DA-1　平均出廠品質界限=1.0%
(AOQL=1.0%)

批量 N ＼ 平均不良率 $\overline{p}$(%)	0-0.02 %						0.03-0.20 %						0.21-0.40 %					
	第一次抽樣		第二次抽樣			p_t	第一次抽樣		第二次抽樣			p_t	第一次抽樣		第二次抽樣			p_t
	n_1	c_1	n_2	(n_1+n_2)	c_2	%	n_1	c_1	n_2	(n_1+n_2)	c_2	%	n_1	c_1	n_2	(n_1+n_2)	c_2	%
1-25	全數	0	-	-	-	-	全數	0	-	-	-	-	全數	0	-	-	-	-
26-50	22	0	-	-	-	7.7	22	0	-	-	-	7.7	22	0	-	-	-	7.7
51-100	33	0	17	50	1	6.9	33	0	17	50	1	6.9	33	0	17	50	1	6.9
101-200	43	0	22	65	1	5.8	43	0	22	65	1	5.8	43	0	22	65	1	5.8
201-300	47	0	28	75	1	5.5	47	0	28	75	1	5.5	47	0	28	75	1	5.5
301-400	49	0	31	80	1	5.4	49	0	31	80	1	5.4	55	0	60	115	2	4.8
401-500	50	0	30	80	1	5.4	50	0	30	80	1	5.4	55	0	65	120	2	4.7
501-600	50	0	30	80	1	5.4	50	0	30	80	1	5.4	60	0	65	125	2	4.6
601-800	50	0	35	85	1	5.3	60	0	70	130	2	4.5	60	0	70	130	2	4.5
801-1000	55	0	30	85	1	5.2	60	0	75	135	2	4.4	60	0	75	135	2	4.4
1001-2000	55	0	35	90	1	5.1	65	0	75	140	2	4.3	75	0	120	195	3	3.8
2001-3000	65	0	80	145	2	4.2	65	0	80	145	2	4.2	75	0	125	200	3	3.7
3001-4000	70	0	80	150	2	4.1	70	0	80	150	2	4.1	80	0	175	255	4	3.5
4001-5000	70	0	80	150	2	4.1	70	0	80	150	2	4.1	80	0	180	260	4	3.4
5001-7000	70	0	80	150	2	4.1	75	0	125	200	3	3.7	80	0	180	260	4	3.4
7001-10,000	70	0	80	150	2	4.1	80	0	125	205	3	3.6	85	0	180	265	4	3.3
10,001-20,000	70	0	80	150	2	4.1	80	0	130	210	3	3.6	90	0	230	320	5	3.2
20,001-50,000	75	0	80	155	2	4.0	80	0	135	215	3	3.6	95	0	300	395	5	2.9
50,001-100,000	75	0	80	155	2	4.0	85	0	180	265	4	3.3	170	1	380	550	8	2.6

DA-1 (續)

批量 N ＼ 平均不良率 $\bar{p}$(%)	0.41-0.60 %						0.61-0.80 %						0.81-1.00 %					
	第一次抽樣		第二次抽樣			p_t	第一次抽樣		第二次抽樣			p_t	第一次抽樣		第二次抽樣			p_t
	n_1	c_1	n_2	(n_1+n_2)	c_2	%	n_1	c_1	n_2	(n_1+n_2)	c_2	%	n_1	c_1	n_2	(n_1+n_2)	c_2	%
1-25	全數	0	-	-	-	-	全數	0	-	-	-	-	全數	0	-	-	-	-
26-50	22	0	-	-	-	7.7	22	0	-	-	-	7.7	22	0	-	-	-	7.7
51-100	33	0	17	50	1	6.9	33	0	17	50	1	6.9	33	0	17	50	1	6.9
101-200	43	0	22	65	1	5.8	43	0	22	65	1	5.8	47	0	43	90	2	5.4
201-300	55	0	50	105	2	4.9	55	0	50	105	2	4.9	55	0	50	105	2	4.9
301-400	55	0	60	115	2	4.8	55	0	60	115	2	4.8	60	0	80	140	3	4.5
401-500	55	0	65	120	2	4.7	60	0	95	155	3	4.3	60	0	95	155	3	4.3
501-600	60	0	65	125	2	4.6	65	0	100	165	3	4.2	65	0	100	165	3	4.2
601-800	65	0	105	170	3	4.1	65	0	105	170	3	4.1	70	0	140	210	4	3.9
801-1000	65	0	110	175	3	4.0	70	0	150	220	4	3.8	125	1	180	305	6	3.5
1001-2000	80	0	165	245	4	3.7	135	1	200	335	6	3.3	140	1	245	385	7	3.2
2001-3000	80	0	170	250	4	3.6	150	1	265	415	7	3.0	215	2	355	570	10	2.8
3001-4000	85	0	220	305	5	3.3	160	1	330	490	8	2.8	225	2	455	680	12	2.7
4001-5000	145	1	225	370	6	3.1	225	2	375	600	10	2.7	240	2	595	835	14	2.5
5001-7000	155	1	285	440	7	2.9	235	2	440	675	11	2.6	310	3	665	975	16	2.4
7001-10,000	165	1	355	520	8	2.7	250	2	585	835	13	2.4	385	4	785	1170	19	2.3
10,001-20,000	175	1	415	590	9	2.6	325	3	655	980	15	2.3	520	6	980	1500	24	2.2
20,001-50,000	250	2	490	740	11	2.4	340	3	910	1250	19	2.2	610	7	1410	2020	32	2.1
50,001-100,000	275	2	700	975	14	2.2	420	4	1050	1470	22	2.1	770	9	1850	2620	41	2.0

DA-2 平均出廠品質界限=2.0%
(AOQL=2.0%)

批量 N ＼ 平均不良率 $\bar{p}$(%)	0-0.04 %						0.05-0.40 %						0.41-0.80 %					
	第一次抽樣		第二次抽樣			p_t	第一次抽樣		第二次抽樣			p_t	第一次抽樣		第二次抽樣			p_t
	n_1	c_1	n_2	(n_1+n_2)	c_2	%	n_1	c_1	n_2	(n_1+n_2)	c_2	%	n_1	c_1	n_2	(n_1+n_2)	c_2	%
1-15	全數	0	-	-	-	-	全數	0	-	-	-	-	全數	0	-	-	-	-
16-50	14	0	-	-	-	13.6	14	0	-	-	-	13.6	14	0	-	-	-	13.6
51-100	21	0	12	33	1	11.7	21	0	12	33	1	11.7	21	0	12	33	1	11.7
101-200	24	0	13	37	1	11.0	24	0	13	37	1	11.0	24	0	13	37	1	11.0
201-300	26	0	15	41	1	10.4	26	0	15	41	1	10.4	29	0	31	60	2	9.1
301-400	26	0	16	42	1	10.3	26	0	16	42	1	10.3	30	0	35	65	2	9.0
401-500	27	0	16	43	1	10.3	30	0	35	65	2	9.0	30	0	35	65	2	9.0
501-600	27	0	16	43	1	10.3	31	0	34	65	2	8.9	35	0	55	90	3	7.9
601-800	27	0	17	44	1	10.2	31	0	39	70	2	8.8	35	0	60	95	3	7.7
801-1000	27	0	17	44	1	10.2	32	0	38	70	2	8.7	36	0	59	95	3	7.6
1001-2000	33	0	37	70	2	8.5	33	0	37	70	2	8.5	37	0	63	100	3	7.5
2001-3000	34	0	41	75	2	8.2	34	0	41	75	2	8.2	41	0	84	125	4	7.0
3001-4000	34	0	41	75	2	8.2	38	0	62	100	3	7.3	41	0	89	130	4	6.9
4001-5000	34	0	41	75	2	8.2	38	0	62	100	3	7.3	42	0	88	130	4	6.9
5001-7000	35	0	40	75	2	8.1	38	0	62	100	3	7.3	44	0	116	160	5	6.4
7001-10,000	35	0	40	75	2	8.1	38	0	62	100	3	7.3	45	0	115	160	5	6.3
10,001-20,000	35	0	40	75	2	8.1	39	0	66	105	3	7.2	45	0	115	160	5	6.3
20,001-50,000	35	0	40	75	2	8.1	43	0	92	135	4	6.6	47	0	148	195	6	6.0
50,001-100,000	35	0	45	80	2	8.0	43	0	92	135	4	6.6	85	1	185	270	8	5.2

DA-2 (續)

批量 N ＼ 平均不良率 $\overline{p}$(%)	0.81-1.20 %						1.21-1.60 %						1.61-2.00 %					
	第一次抽樣		第二次			p_t	第一次抽樣		第二次抽樣			p_t	第一次抽樣		第二次抽樣			p_t
	n_1	c_1	n_2	(n_1+n_2)	c_2	%	n_1	c_1	n_2	(n_1+n_2)	c_2	%	n_1	c_1	n_2	(n_1+n_2)	c_2	%
1-15	全數	0	-	-	-	-	全數	0	-	-	-	-	全數	0	-	-	-	-
16-50	14	0	-	-	-	13.6	14	0	-	-	-	13.6	14	0	-	-	-	13.6
51-100	21	0	12	33	1	11.7	21	0	12	33	1	11.7	23	0	23	46	2	10.9
101-200	27	0	28	55	2	9.6	27	0	28	55	2	9.6	27	0	28	55	2	9.6
201-300	29	0	31	60	2	9.1	32	0	48	80	3	8.4	32	0	48	80	3	8.4
301-400	33	0	52	85	3	8.2	33	0	52	85	3	8.2	36	0	69	105	4	7.6
401-500	34	0	56	90	3	7.9	36	0	74	110	4	7.5	60	1	90	150	6	7.0
501-600	35	0	55	90	3	7.9	37	0	78	115	4	7.4	65	1	95	160	6	6.8
601-800	38	0	82	120	4	7.3	38	0	82	120	4	7.3	70	1	120	190	7	6.4
801-1000	38	0	87	125	4	7.2	70	1	100	170	6	6.5	70	1	145	215	8	6.2
1001-2000	43	0	112	155	5	6.5	80	1	160	240	8	5.8	110	2	205	315	11	5.5
2001-3000	75	1	115	190	6	6.1	115	2	195	310	10	5.3	160	3	310	470	15	4.7
3001-4000	80	1	140	220	7	5.8	120	2	255	375	12	5.0	235	5	415	650	20	4.3
4001-5000	80	1	175	255	8	5.5	125	2	285	410	13	4.9	275	6	475	750	23	4.2
5001-7000	85	1	205	290	9	5.3	125	2	320	445	14	4.8	280	6	575	850	26	4.1
7001-10,000	85	1	210	295	9	5.2	165	3	335	500	15	4.5	320	7	645	965	29	4.0
10,001-20,000	90	1	260	350	11	5.1	170	3	425	595	18	4.4	395	9	835	1230	37	3.9
20,001-50,000	130	2	300	430	13	4.7	205	4	515	720	22	4.3	480	11	1090	1570	46	3.7
50,001-100,000	135	2	345	480	14	4.5	250	5	615	865	26	4.1	580	13	1460	2040	58	3.5

DA-3　平均出廠品質界限=3.0%
(AOQL=3.0%)

批量 N ＼ 平均不良率 $\bar{p}$ (%)	0-0.06 %						0.07-0.60 %						0.61-1.20 %					
	第一次抽樣		第二次抽樣			p_t	第一次抽樣		第二次抽樣			p_t	第一次抽樣		第二次抽樣			p_t
	n_1	c_1	n_2	(n_1+n_2)	c_2	%	n_1	c_1	n_2	(n_1+n_2)	c_2	%	n_1	c_1	n_2	(n_1+n_2)	c_2	%
1-10	全數	0	-	-	-	-	全數	0	-	-	-	-	全數	0	-	-	-	-
11-50	10	0	-	-	-	19.0	10	0	-	-	-	19.0	10	0	-	-	-	19.0
51-100	16	0	9	25	1	16.4	16	0	9	25	1	16.4	16	0	9	25	1	16.4
101-200	17	0	9	26	1	16.0	17	0	9	26	1	16.0	17	0	9	26	1	16.0
201-300	18	0	10	28	1	15.5	18	0	10	28	1	15.5	21	0	23	44	2	13.3
301-400	18	0	11	29	1	15.2	21	0	24	45	2	13.2	23	0	37	60	3	12.0
401-500	18	0	11	29	1	15.2	21	0	25	46	2	13.0	24	0	36	60	3	11.7
501-600	18	0	12	30	1	15.0	21	0	25	46	2	13.0	24	0	41	65	3	11.5
601-800	21	0	25	46	2	13.0	21	0	25	46	2	13.0	24	0	41	65	3	11.5
801-1000	21	0	26	47	2	12.8	21	0	26	47	2	12.8	25	0	40	65	3	11.4
1001-2000	22	0	26	48	2	12.6	22	0	26	48	2	12.6	27	0	58	85	4	10.3
2001-3000	22	0	26	48	2	12.6	25	0	40	65	3	11.4	28	0	62	90	4	10.0
3001-4000	23	0	26	49	2	12.4	25	0	45	60	3	11.0	29	0	76	105	5	9.6
4001-5000	23	0	26	49	2	12.4	26	0	44	70	3	11.0	30	0	75	105	5	9.5
5001-7000	23	0	27	50	2	12.2	26	0	44	70	3	11.0	30	0	80	110	5	9.4
7001-10,000	23	0	27	50	2	12.2	27	0	43	70	3	11.0	30	0	80	110	5	9.4
10,001-20,000	23	0	27	50	2	12.2	27	0	43	70	3	11.0	31	0	94	125	6	9.2
20,001-50,000	23	0	27	50	2	12.2	28	0	67	95	4	9.7	55	1	120	175	8	8.0
50,001-100,000	23	0	27	50	2	12.2	31	0	84	115	5	9.0	60	1	140	200	9	7.6

DA-3 (續)

批量 N \ 平均不良率 $\bar{p}$ (%)	1.21-1.80 %						1.81-2.40 %						2.41-3.00 %					
	第一次抽樣		第二次抽樣			p_t	第一次抽樣		第二次抽樣			p_t	第一次抽樣		第二次抽樣			p_t
	n_1	c_1	n_2	(n_1+n_2)	c_2	%	n_1	c_1	n_2	(n_1+n_2)	c_2	%	n_1	c_1	n_2	(n_1+n_2)	c_2	%
1-10	全數	0	-	-	-	-	全數	0	-	-	-	-	全數	0	-	-	-	-
11-50	10	0	-	-	-	19.0	10	0	-	-	-	19.0	10	0	-	-	-	19.0
51-100	17	0	17	34	2	15.8	17	0	17	34	2	15.8	17	0	17	34	2	15.8
101-200	20	0	21	41	2	13.7	22	0	33	55	3	12.4	22	0	33	55	3	12.4
201-300	23	0	37	60	3	12.0	23	0	37	60	3	12.0	24	0	51	75	4	11.1
301-400	23	0	37	60	3	12.0	25	0	55	80	4	10.8	42	1	63	105	6	10.4
401-500	24	0	36	60	3	11.7	25	0	55	80	4	10.8	46	1	79	125	7	9.7
501-600	26	0	54	80	4	10.7	46	1	69	115	6	9.7	48	1	97	145	8	9.2
601-800	26	0	54	80	4	10.7	49	1	81	130	7	9.4	50	1	115	165	9	8.9
801-1000	27	0	58	85	4	10.3	49	1	86	135	7	9.2	70	2	120	190	10	8.4
1001-2000	49	1	76	125	6	9.1	50	1	150	200	10	8.0	100	3	180	280	14	7.5
2001-3000	50	1	95	145	7	8.7	80	2	165	245	12	7.6	130	4	260	390	19	6.9
3001-4000	55	1	110	165	8	8.5	105	3	200	305	14	7.0	155	5	230	485	23	6.5
4001-5000	60	1	135	195	9	7.8	110	3	225	335	15	6.7	215	7	390	605	27	6.0
5001-7000	60	1	165	225	10	7.3	110	3	250	360	16	6.6	270	9	505	775	34	5.7
7001-10,000	85	2	160	245	11	7.2	115	3	190	405	18	6.5	285	9	680	965	41	5.4
10,001-20,000	85	2	180	265	12	7.2	140	4	315	455	20	6.3	315	10	805	1120	47	5.3
20,001-50,000	85	2	205	290	13	7.0	170	5	420	590	26	6.0	390	13	940	1330	56	5.2
50,001-100,000	90	2	245	335	15	6.8	200	6	505	705	30	5.7	445	15	1105	1550	65	5.1

DA-4 平均出廠品質界限=4.0%
(AOQL=4.0%)

批量 N \ 平均不良率 $\bar{p}$ (%)	0-0.08 %						0.09-0.80 %						0.81-1.60 %					
	第一次抽樣		第二次抽樣			p_t	第一次抽樣		第二次抽樣			p_t	第一次抽樣		第二次抽樣			p_t
	n_1	c_1	n_2	(n_1+n_2)	c_2	%	n_1	c_1	n_2	(n_1+n_2)	c_2	%	n_1	c_1	n_2	(n_1+n_2)	c_2	%
1-10	全數	0	-	-	-	-	全數	0	-	-	-	-	全數	0	-	-	-	-
11-50	8	0	-	-	-	23.0	8	0	-	-	-	23.0	8	0	-	-	-	23.0
51-100	12	0	7	19	1	22.0	12	0	7	19	1	22.0	12	0	7	19	1	22.0
101-200	13	0	8	21	1	21.0	13	0	8	21	1	21.0	15	0	17	32	2	18.0
201-300	13	0	9	22	1	20.5	16	0	18	34	2	17.4	16	0	18	34	2	17.4
301-400	14	0	8	22	1	20.0	16	0	19	35	2	17.0	18	0	28	46	3	15.5
401-500	14	0	8	22	1	20.0	16	0	19	35	2	17.0	19	0	28	47	3	15.3
501-600	16	0	19	35	2	17.0	16	0	19	35	2	17.0	19	0	29	48	3	15.1
601-800	16	0	20	36	2	16.7	16	0	20	36	2	16.7	19	0	30	49	3	14.9
801-1000	16	0	20	36	2	16.7	16	0	20	36	2	16.7	20	0	45	65	4	13.8
1001-2000	17	0	19	36	2	16.6	19	0	31	50	3	14.8	21	0	44	65	4	13.6
2001-3000	17	0	19	36	2	16.6	19	0	31	50	3	14.8	21	0	44	65	4	13.6
3001-4000	17	0	20	37	2	16.5	19	0	31	50	3	14.8	22	0	58	80	5	13.0
4001-5000	17	0	20	37	2	16.5	19	0	31	50	3	14.8	22	0	58	80	5	13.0
5001-7000	17	0	20	37	2	16.5	19	0	31	50	3	14.8	22	0	58	80	5	13.0
7001-10,000	17	0	20	37	2	16.5	19	0	36	55	3	14.6	23	0	57	80	5	12.7
10,001-20,000	17	0	20	37	2	16.5	21	0	44	65	4	13.6	23	0	72	95	6	12.0
20,001-50,000	17	0	20	37	2	16.5	21	0	44	65	4	13.6	43	1	92	135	8	10.6
50,001-100,000	17	0	20	37	2	16.5	23	0	62	85	5	12.5	44	1	106	150	9	10.3

DA-4 (續)

平均不良率 p(%) / 批量 N	1.61-2.40 %						2.41-3.20 %						3.21-4.00 %					
	第一次抽樣		第二次抽樣			p_t	第一次抽樣		第二次抽樣			p_t	第一次抽樣		第二次抽樣			p_t
	n_1	c_1	n_2	(n_1+n_2)	c_2	%	n_1	c_1	n_2	(n_1+n_2)	c_2	%	n_1	c_1	n_2	(n_1+n_2)	c_2	%
1-10	全數	0	-	-	-	-	全數	0	-	-	-	-	全數	0	-	-	-	-
11-50	8	0	-	-	-	23.0	8	0	-	-	-	23.0	8	0	-	-	-	23.0
51-100	13	0	14	27	2	20.5	13	0	14	27	2	20.5	13	0	14	27	2	20.5
101-200	16	0	26	42	3	16.5	16	0	26	42	3	16.5	16	0	26	42	3	16.5
201-300	17	0	28	45	3	16.0	18	0	37	55	4	15.0	33	1	47	80	6	13.2
301-400	19	0	41	60	4	14.3	19	0	41	60	4	14.3	35	1	60	95	7	12.8
401-500	20	0	40	60	4	14.0	34	1	51	85	6	13.0	36	1	74	110	8	12.2
501-600	20	0	45	65	4	13.8	37	1	63	100	7	12.2	50	2	75	125	9	11.6
601-800	22	0	58	80	5	13.0	39	1	81	120	8	11.6	55	2	105	160	11	10.8
801-1000	37	1	58	95	6	12.2	41	1	94	135	9	11.1	55	2	120	175	12	10.5
1001-2000	39	1	71	110	7	11.5	55	2	110	165	11	10.6	80	3	165	245	16	9.5
2001-3000	41	1	89	130	8	11.0	60	2	145	205	13	9.8	95	4	210	305	20	9.2
3001-4000	43	1	102	145	9	10.5	80	3	160	240	15	9.4	115	5	250	365	23	8.8
4001-5000	45	1	120	165	10	10.0	85	3	180	265	16	8.9	160	7	305	465	28	8.1
5001-7000	65	2	120	185	11	9.6	85	3	200	285	17	8.7	210	9	450	660	38	7.4
7001-10,000	65	2	140	205	12	9.3	90	3	230	320	19	8.5	235	10	550	785	44	7.1
10,001-20,000	65	2	160	225	13	9.0	105	4	265	370	22	8.3	270	12	625	895	50	7.0
20,001-50,000	70	2	175	245	14	8.8	125	5	315	440	26	8.1	295	13	725	1020	57	6.9
50,001-100,000	70	2	205	275	16	8.7	150	6	385	535	31	7.7	335	15	845	1180	66	6.8

DA-5　平均出廠品質界限=5.0%
(AOQL=5.0%)

平均不良率 $\overline{p}$(%) / 批量 N	0-0.10 %						0.11-1.00 %						1.01-2.00 %					
	第一次抽樣		第二次抽樣			p_t	第一次抽樣		第二次抽樣			p_t	第一次抽樣		第二次抽樣			p_t
	n_1	c_1	n_2	(n_1+n_2)	c_2	%	n_1	c_1	n_2	(n_1+n_2)	c_2	%	n_1	c_2	n_2	(n_1+n_2)	c_2	%
1-5	全數	0	-	-	-	-	全數	0	-	-	-	-	全數	0	-	-	-	-
6-50	6	0	-	-	-	30.5	6	0	-	-	-	30.5	6	0	-	-	-	30.5
51-100	10	0	6	16	1	26.5	10	0	6	16	1	26.5	11	0	11	22	2	25.0
101-200	11	0	6	17	1	26.0	12	0	15	27	2	22.0	12	0	15	27	2	22.0
201-300	11	0	7	18	1	25.0	13	0	15	28	2	21.0	14	0	24	38	3	19.3
301-400	11	0	8	19	1	25.0	13	0	15	28	2	21.0	15	0	24	39	3	19.0
401-500	13	0	15	28	2	21.0	13	0	15	28	2	21.0	15	0	24	39	3	19.0
501-600	13	0	15	28	2	21.0	13	0	15	28	2	21.0	15	0	25	40	3	18.7
601-800	13	0	16	29	2	20.5	13	0	16	29	2	20.5	16	0	34	50	4	17.1
801-1000	13	0	16	29	2	20.5	13	0	16	29	2	20.5	16	0	34	50	4	17.1
1001-2000	13	0	16	29	2	20.5	15	0	25	40	3	18.7	17	0	33	50	4	17.1
2001-3000	13	0	16	29	2	21.0	15	0	26	41	3	18.4	17	0	48	65	5	15.5
3001-4000	14	0	15	29	2	21.0	15	0	26	41	3	18.4	18	0	47	65	5	15.5
4001-5000	14	0	16	30	2	20.5	16	0	25	41	3	18.0	18	0	47	65	5	15.5
5001-7000	14	0	16	30	2	20.5	16	0	26	42	3	18.0	18	0	47	65	5	15.5
7001-10,000	14	0	16	30	2	20.5	16	0	26	42	3	18.0	19	0	56	75	6	15.0
10,001-20,000	14	0	17	31	2	20.5	17	0	38	55	4	16.4	19	0	56	75	6	15.0
20,001-50,000	14	0	17	31	2	20.5	17	0	38	55	4	16.4	33	1	72	105	8	13.5
50,001-100,000	14	0	18	32	2	20.5	18	0	47	65	5	15.6	34	1	86	120	9	13.1

DA-5 (續)

平均不良率 $\bar{p}$(%) / 批量 N	2.01-3.00 %						3.01-4.00 %						4.01-5.00 %					
	第一次抽樣		第二次抽樣			p_t	第一次抽樣		第二次抽樣			p_t	第一次抽樣		第二次抽樣			p_t
	n_1	c_1	n_2	(n_1+n_2)	c_2	%	n_1	c_1	n_2	(n_1+n_2)	c_2	%	n_1	c_1	n_2	(n_1+n_2)	c_2	%
1-5	全數	0	-	-	-	-	全數	0	-	-	-	-	全數	0	-	-	-	-
6-50	6	0	-	-	-	30.5	6	0	-	-	-	30.5	6	0	-	-	-	30.5
51-100	11	0	11	22	2	25.0	11	0	11	22	2	25.0	12	0	18	30	3	23.0
101-200	14	0	22	36	3	19.8	14	0	22	36	3	19.8	14	0	30	44	4	19.0
201-300	14	0	24	38	3	19.3	15	0	32	47	4	18.0	27	1	48	75	7	16.3
301-400	16	0	33	49	4	17.5	27	1	38	65	6	16.6	29	1	56	85	8	15.5
401-500	16	0	34	50	4	17.1	29	1	51	80	7	15.5	30	1	70	100	9	14.9
501-600	16	0	34	50	4	17.1	31	1	64	95	8	14.3	43	2	72	115	10	13.9
601-800	17	0	43	60	5	16.2	32	1	78	110	9	13.9	45	2	90	135	12	13.5
801-1000	30	1	45	75	6	15.0	45	2	75	120	10	13.3	60	3	110	170	14	12.4
1001-2000	31	1	59	90	7	14.5	50	2	100	150	12	12.7	75	4	160	235	19	11.5
2001-3000	32	1	68	100	8	14.0	50	2	130	180	14	12.0	95	5	185	280	22	11.0
3001-4000	34	1	51	115	9	13.5	65	3	135	200	15	11.3	95	5	255	350	27	10.5
4001-5000	35	1	95	130	10	13.0	70	3	155	225	17	11.0	130	7	260	390	29	10.0
5001-7000	50	2	90	140	11	12.5	70	3	185	255	19	10.7	160	9	355	515	38	9.5
7001-10,000	50	2	105	155	12	12.1	85	4	200	285	21	10.4	180	10	430	610	44	9.2
10,001-20,000	50	2	125	175	13	11.7	100	5	220	320	23	10.0	215	12	490	705	50	8.9
20,001-50,000	50	2	135	185	14	11.3	120	6	290	410	29	9.5	230	13	605	835	59	8.7
50,001-100,000	55	2	160	215	16	11.0	140	7	315	455	32	9.3	265	15	705	970	68	8.5

DL-1 批容許不良率=1.0%
(LTPD=1.0%)

平均不良率 $\overline{p}$(%) / 批量 N	0-0.010%						0.011-0.10%						0.11-0.20%					
	第一次抽樣		第二次抽樣			AOQL	第一次抽樣		第二次抽樣			AOQL	第一次抽樣		第二次抽樣			AOQL
	n_1	c_1	n_2	(n_1+n_2)	c_2	%	n_1	c_1	n_2	(n_1+n_2)	c_2	%	n_1	c_1	n_2	(n_1+n_2)	c_2	%
1-120	全數	0	-	-	-	0	全數	0	-	-	-	0	全數	0	-	-	-	0
121-150	120	0	-	-	-	0.06	120	0	-	-	-	0.06	120	0	-	-	-	0.06
151-200	140	0	-	-	-	0.08	140	0	-	-	-	0.08	140	0	-	-	-	0.08
201-260	165	0	-	-	-	0.10	165	0	-	-	-	0.10	165	0	-	-	-	0.10
261-300	180	0	75	255	1	0.10	180	0	75	255	1	0.10	180	0	75	255	1	0.10
301-400	200	0	90	290	1	0.12	200	0	90	290	1	0.12	200	0	90	290	1	0.12
401-500	215	0	100	315	1	0.14	215	0	100	315	1	0.14	215	0	100	315	1	0.14
501-600	225	0	115	340	1	0.15	225	0	115	340	1	0.15	225	0	115	340	1	0.15
601-800	235	0	125	360	1	0.16	235	0	125	360	1	0.16	235	0	125	360	1	0.16
801-1,000	245	0	135	380	1	0.17	245	0	135	380	1	0.17	245	0	250	495	2	0.19
1,001-2,000	265	0	155	420	1	0.18	265	0	155	420	1	0.18	265	0	285	550	2	0.21
2,001-3,000	270	0	160	430	1	0.19	270	0	300	570	2	0.22	270	0	420	690	3	0.25
3,001-4,000	275	0	160	435	1	0.19	275	0	305	580	2	0.22	275	0	435	710	3	0.25
4,001-5,000	275	0	165	440	1	0.19	275	0	310	585	2	0.23	275	0	565	840	4	0.28
5,001-7,000	275	0	170	445	1	0.20	275	0	315	590	2	0.23	275	0	580	855	4	0.29
7,001-10,000	280	0	320	600	2	0.24	280	0	460	740	3	0.26	280	0	590	870	4	0.30
10,001-20,000	280	0	325	605	2	0.24	280	0	465	745	3	0.27	450	1	700	1150	6	0.33
20,001-50,000	280	0	325	605	2	0.25	280	0	605	885	4	0.30	450	1	830	1280	7	0.36
50,001-100,000	280	0	325	605	2	0.25	280	0	605	885	4	0.30	450	1	960	1410	8	0.38

DL-1 (續)

批量 N \ 平均不良率 p (%)	0.21-0.30%						0.31-0.40%						0.41-0.50%					
	第一次抽樣		第二次抽樣			AOQL	第一次抽樣		第二次抽樣			AOQL	第一次抽樣		第二次抽樣			AOQL
	n_1	c_1	n_2	(n_1+n_2)	c_2	%	n_1	c_1	n_2	(n_1+n_2)	c_2	%	n_1	c_1	n_2	(n_1+n_2)	c_2	%
1-120	全數	0	-	-	-	0	全數	0	-	-	-	0	全數	0	-	-	-	0
121-150	120	0	-	-	-	0.06	120	0	-	-	-	0.06	120	0	-	-	-	0.06
151-200	140	0	-	-	-	0.08	140	0	-	-	-	0.08	140	0	-	-	-	0.08
201-260	165	0	-	-	-	0.10	165	0	-	-	-	0.10	165	0	-	-	-	0.10
261-300	180	0	75	255	1	0.10	180	0	75	255	1	0.10	180	0	75	255	1	0.10
301-400	200	0	90	290	1	0.12	200	0	90	290	1	0.12	200	0	90	290	1	0.12
401-500	215	0	100	315	1	0.14	215	0	100	315	1	0.14	215	0	100	315	1	0.14
501-600	225	0	115	340	1	0.15	225	0	115	340	1	0.15	225	0	205	430	2	0.16
601-800	235	0	230	465	2	0.18	235	0	230	465	2	0.18	235	0	230	465	2	0.18
801-1,000	245	0	250	495	2	0.19	245	0	250	495	2	0.19	245	0	250	495	2	0.19
1,001-2,000	265	0	405	670	3	0.23	265	0	515	780	4	0.24	265	0	515	780	4	0.24
2,001-3,000	270	0	545	815	4	0.26	430	1	620	1050	6	0.28	430	1	830	1260	8	0.30
3,001-4,000	435	1	645	1080	6	0.29	435	1	865	1300	8	0.30	580	2	940	1520	10	0.33
4,001-5,000	440	1	660	1100	6	0.30	440	1	1000	1440	9	0.33	585	2	1075	1660	11	0.35
5,001-7,000	445	1	785	1230	7	0.33	590	2	990	1580	10	0.36	730	3	1190	1920	13	0.38
7,001-10,000	450	1	920	1370	8	0.35	600	2	1240	1840	12	0.39	870	4	1540	2410	17	0.41
10,001-20,000	605	2	1035	1640	10	0.39	745	3	1485	2230	15	0.43	1150	6	1990	3140	23	0.44
20,001-50,000	605	2	1295	1900	12	0.42	885	4	1845	2730	19	0.47	1280	7	2600	3880	29	0.52
50,001-100,000	605	2	1545	2150	14	0.44	885	4	2085	2970	21	0.49	1410	8	3280	4690	36	0.55

DL-2 批容許不良率=3.0%
(LTPD=3.0%)

批量 N \ 平均不良率 p(%)	0-0.03%						0.04-0.30%						0.31-0.60%					
	第一次抽樣		第二次抽樣			AOQL	第一次抽樣		第二次抽樣			AOQL	第一次抽樣		第二次抽樣			AOQL
	n_1	c_1	n_2	(n_1+n_2)	c_2	%	n_1	c_1	n_2	(n_1+n_2)	c_2	%	n_1	c_1	n_2	(n_1+n_2)	c_2	%
1-40	全數	0	-	-	-	0	全數	0	-	-	-	0	全數	0	-	-	-	0
41-55	40	0	-	-	-	0.18	40	0	-	-	-	0.18	40	0	-	-	-	0.18
56-100	55	0	-	-	-	0.30	55	0	-	-	-	0.30	55	0	-	-	-	0.30
101-150	70	0	30	100	1	0.37	70	0	40	100	1	0.37	70	0	30	100	1	0.37
151-200	75	0	40	115	1	0.45	75	0	40	115	1	0.45	75	0	40	115	1	0.45
201-300	75	0	40	115	1	0.50	75	0	40	155	1	0.50	75	0	40	115	1	0.50
301-400	80	0	45	125	1	0.52	80	0	45	125	1	0.52	80	0	85	165	2	0.57
401-500	85	0	50	135	1	0.53	85	0	50	135	1	0.53	85	0	90	175	2	0.60
501-600	85	0	50	135	1	0.54	85	0	50	135	1	0.54	85	0	95	180	2	0.62
601-800	90	0	50	140	1	0.55	90	0	95	185	2	0.64	90	0	135	225	3	0.70
801-1,000	90	0	55	145	1	0.56	90	0	100	190	2	0.66	90	0	140	230	3	0.72
1,001-2,000	90	0	60	150	1	0.58	90	0	105	195	2	0.70	90	0	190	280	4	0.84
2,001-3,000	90	0	60	150	1	0.59	90	0	155	245	3	0.80	90	0	200	290	4	0.86
3,001-4,000	95	0	105	200	2	0.72	95	0	150	245	3	0.80	95	0	235	330	5	0.92
4,001-5,000	95	0	105	200	2	0.73	95	0	155	250	3	0.81	150	1	230	380	6	0.98
5,001-7,000	95	0	105	200	2	0.73	95	0	155	250	3	0.81	150	1	230	380	6	1.0
7,001-10,000	95	0	105	200	2	0.73	95	0	155	250	3	0.81	150	1	275	425	7	1.0
10,001-20,000	95	0	105	200	2	0.74	95	0	200	295	4	0.92	150	1	320	470	8	1.1
20,001-50,000	95	0	105	200	2	0.74	95	0	200	295	4	0.93	150	1	365	515	9	1.2
50,001-100,000	95	0	105	200	2	0.75	95	0	245	340	5	1.0	150	1	405	555	10	1.2

DL-2 (續)

平均不良率 $\overline{p}$(%) / 批量 N	0.61-0.90 %						0.91-1.20 %						1.21-1.50 %					
	第一次抽樣		第二次抽樣			AOQL	第一次抽樣		第二次抽樣			AOQL	第一次抽樣		第二次抽樣			AOQL
	n_1	c_1	n_2	(n_1+n_2)	c_2	%	n_1	c_1	n_2	(n_1+n_2)	c_2	%	n_1	c_1	n_2	(n_1+n_2)	c_2	%
1-40	全數	0	-	-	-	0	全數	0	-	-	-	0	全數	0	-	-	-	0
41-55	40	0	-	-	-	0.18	40	0	-	-	-	0.18	40	0	-	-	-	0.18
56-100	55	0	-	-	-	0.30	55	0	-	-	-	0.30	55	0	-	-	-	0.30
101-150	70	0	30	100	1	0.37	70	0	30	100	1	0.37	70	0	30	100	1	0.37
151-200	75	0	40	115	1	0.45	75	0	65	140	2	0.47	75	0	65	140	2	0.47
201-300	75	0	80	155	2	0.54	75	0	80	155	2	0.54	75	0	80	155	2	0.54
301-400	80	0	85	165	2	0.57	80	0	120	200	3	0.62	80	0	120	200	3	0.62
401-500	85	0	125	210	3	0.64	85	0	125	210	3	0.64	85	0	160	245	4	0.69
501-600	85	0	130	215	3	0.67	85	0	170	255	4	0.72	135	1	185	320	6	0.76
601-800	80	0	170	260	4	0.74	140	1	195	335	6	0.79	140	1	210	350	7	0.81
801-1,000	90	0	180	270	4	0.77	145	1	235	380	7	0.85	145	1	270	415	8	0.86
1,001-2,000	150	1	210	360	6	0.90	150	1	325	475	9	1.0	195	2	350	545	11	1.1
2,001-3,000	150	1	300	450	8	1.0	200	2	365	565	11	1.1	290	4	470	760	16	1.2
3,001-4,000	150	1	350	500	9	1.1	245	3	405	650	13	1.2	330	5	545	875	19	1.2
4,001-5,000	200	2	340	540	10	1.2	250	3	445	695	64	1.2	380	6	620	1000	22	1.3
5,001-7,000	200	2	385	585	11	1.2	250	3	530	780	16	1.3	380	6	700	1080	24	1.4
7,001-10,000	200	2	425	625	12	1.2	250	3	575	825	17	1.3	425	7	785	1210	27	1.5
10,001-20,000	200	2	475	675	13	1.3	295	4	655	950	20	1.4	470	8	900	1370	31	1.6
20,001-50,000	200	2	515	715	14	1.3	295	4	755	1050	23	1.5	515	9	1165	1680	39	1.7
50,001-100,000	200	2	555	755	15	1.3	340	5	840	1180	26	1.6	515	9	1315	1830	43	1.8

DL-3 批容許不良率=4.0%
(LTPD=4.0%)

批量 N ＼ 平均不良率 p (%)	0-0.04 %						0.05-0.40 %						0.41-0.80 %					
	第一次抽樣		第二次抽樣			AOQL	第一次抽樣		第二次抽樣			AOQL	第一次抽樣		第二次抽樣			AOQL
	n_1	c_1	n_2	(n_1+n_2)	c_2	%	n_1	c_1	n_2	(n_1+n_2)	c_2	%	n_1	c_1	n_2	(n_1+n_2)	c_2	%
1-35	全數	0	-	-	-	0	全數	0	-	-	-	0	全數	0	-	-	-	0
36-50	34	0	-	-	-	0.35	34	0	-	-	-	0.35	34	0	-	-	-	0.35
51-75	40	0	-	-	-	0.43	40	0	-	-	-	0.43	40	0	-	-	-	0.43
76-100	50	0	25	75	1	0.46	50	0	25	75	1	0.46	50	0	25	75	1	0.46
101-150	55	0	30	85	1	0.55	55	0	30	85	1	0.55	55	0	30	85	1	0.55
151-200	60	0	30	90	1	0.64	60	0	30	90	1	0.64	60	0	30	90	1	0.64
201-300	60	0	35	95	1	0.70	60	0	35	95	1	0.70	60	0	65	125	2	0.75
301-400	65	0	35	100	1	0.71	65	0	35	100	1	0.71	65	0	65	130	2	0.80
401-500	65	0	40	105	1	0.73	65	0	70	135	2	0.83	65	0	70	135	2	0.83
501-600	65	0	40	105	1	0.74	65	0	75	140	2	0.85	65	0	100	165	3	0.93
601-000	65	0	40	105	1	0.75	65	0	75	140	2	0.87	65	0	110	165	3	0.97
801-1,000	70	0	40	110	1	0.76	70	0	75	145	2	0.90	70	0	105	175	3	0.98
1,001-2,000	70	0	40	110	1	0.78	70	0	80	150	2	0.94	70	0	145	215	4	1.2
2,001-3,000	70	0	80	150	2	0.95	70	0	115	185	3	1.1	70	0	180	250	5	1.2
3,001-4,000	70	0	80	150	2	0.96	70	0	115	185	3	1.1	110	1	175	285	6	1.3
4,001-5,000	70	0	80	150	2	0.97	70	0	115	185	3	1.1	115	1	170	285	6	1.3
5,001-7,000	70	0	80	150	2	0.98	70	0	115	185	3	1.1	115	1	205	320	7	1.4
7,001-10,000	70	0	80	150	2	0.98	70	0	150	220	4	1.2	115	1	205	320	7	1.4
10,001-20,000	70	0	80	150	2	0.98	70	0	150	220	4	1.2	115	1	235	350	8	1.5
20,001-50,000	70	0	80	150	2	0.99	70	0	150	220	4	1.2	115	1	270	385	9	1.6
50,001-100,000	70	0	80	150	2	9.99	70	0	185	255	5	1.3	115	1	300	415	10	1.7

DL-3 (續)

平均不良率 $\overline{p}$(%) / 批量 N	0.81-1.20 %						1.21-1.60 %						1.61-2.00 %					
	第一次抽樣		第二次抽樣			AOQL	第一次抽樣		第二次抽樣			AOQL	第一次抽樣		第二次抽樣			AOQL
	n_1	c_1	n_2	(n_1+n_2)	c_2	%	n_1	c_1	n_2	(n_1+n_2)	c_2	%	n_1	c_1	n_2	(n_1+n_2)	c_2	%
1-35	全數	0	-	-	-	0	全數	0	-	-	-	0	全數	0	-	-	-	0
36-50	34	0	-	-	-	0.35	34	0	-	-	-	0.35	34	0	-	-	-	0.35
51-75	40	0	-	-	-	0.43	40	0	-	-	-	0.43	40	0	-	-	-	0.43
76-100	50	0	25	75	1	0.46	50	0	25	75	1	0.46	50	0	25	75	1	0.46
101-150	55	0	30	85	1	0.55	55	0	30	85	1	0.55	55	0	30	85	1	0.55
151-200	60	0	55	115	2	0.68	60	0	55	115	2	0.68	60	0	55	115	2	0.68
201-300	60	0	65	125	2	0.75	60	0	90	150	3	0.84	60	0	90	150	3	0.84
301-400	65	0	95	160	3	0.86	65	0	95	160	3	0.86	65	0	120	185	4	0.92
401-500	65	0	100	165	3	0.92	65	0	130	195	4	0.96	105	1	140	245	6	1.0
501-600	65	0	135	200	4	1.0	105	1	145	250	6	1.1	105	1	175	280	7	1.1
601-800	65	0	140	205	4	1.0	105	1	185	290	7	1.2	105	1	210	315	8	1.2
801-1,000	110	1	155	265	6	1.2	110	1	210	320	8	1.2	145	2	230	375	10	1.3
1,001-2,000	110	1	195	305	7	1.3	150	2	240	390	10	1.5	180	3	295	475	13	1.6
2,001-3,000	110	1	260	370	9	1.4	185	3	305	490	13	1.6	220	4	410	630	18	1.7
3,001-4,000	150	2	255	405	10	1.5	185	3	340	525	14	1.6	285	6	465	750	22	1.8
4,001-5,000	150	2	285	435	11	1.6	185	3	395	580	16	1.7	285	6	520	805	24	1.9
5,001-7,000	150	2	320	470	12	1.6	185	3	435	620	17	1.7	320	7	585	905	27	2.0
7,001-10,000	150	2	325	475	12	1.7	220	4	460	680	19	1.9	320	7	645	965	29	2.1
10,001-20,000	150	2	355	505	13	1.7	220	4	495	715	20	1.9	350	8	790	1140	35	2.2
20,001-50,000	150	2	420	570	15	1.7	255	5	575	830	24	2.0	385	9	895	1280	40	2.3
50,001-100,000	150	2	450	600	16	1.8	255	5	665	920	27	2.1	415	10	985	1400	44	2.4

DL-4　批容許不良率=7.0%
(LTPD=7.0%)

批量 N ＼ 平均不良率 $\bar{p}$(%)	0-0.07 %						0.08-0.70 %						0.71-1.40 %					
	第一次抽樣		第二次抽樣			AOQL	第一次抽樣		第二次抽樣			AOQL	第一次抽樣		第二次抽樣			AOQL
	n_1	c_1	n_2	(n_1+n_2)	c_2	%	n_1	c_1	n_2	(n_1+n_2)	c_2	%	n_1	c_1	n_2	(n_1+n_2)	c_2	%
1-25	全數	0	-	-	-	0	全數	0	-	-	-	0	全數	0	-	-	-	0
26-50	24	0	-	-	-	0.80	24	0	-	-	-	0.80	24	0	-	-	-	0.80
51-75	31	0	15	46	1	0.90	31	0	15	46	1	0.90	31	0	15	46	1	0.90
76-110	34	0	16	50	1	1.1	34	0	16	50	1	1.1	34	0	16	50	1	1.1
111-200	36	0	19	55	1	1.2	36	0	19	55	1	1.2	36	0	29	75	2	1.4
201-300	37	0	23	60	1	1.3	37	0	23	60	1	1.3	37	0	39	75	2	1.5
301-400	38	0	22	60	1	1.3	38	0	42	80	2	1.5	38	0	57	95	3	1.7
401-500	39	0	21	60	1	1.3	39	0	41	80	2	1.5	39	0	61	100	3	1.7
501-600	39	0	26	65	1	1.3	39	0	46	85	2	1.6	39	0	61	100	3	1.7
601-800	39	0	26	65	1	1.4	39	0	46	85	2	1.6	39	0	81	120	4	1.9
801-1,000	39	0	26	65	1	1.4	39	0	46	85	2	1.6	39	0	86	125	4	2.0
1,001-2,000	40	0	45	85	2	1.7	40	0	65	105	3	1.9	40	0	105	145	5	2.2
2,001-3,000	40	0	45	85	2	1.7	40	0	65	105	3	1.9	65	1	100	165	6	2.3
3,001-4,000	40	0	45	85	2	1.7	40	0	65	105	3	1.9	65	1	115	180	7	2.4
4,001-5,000	40	0	45	85	2	1.7	40	0	85	125	4	2.1	65	1	115	180	7	2.5
5,001-7,000	40	0	45	85	2	1.7	40	0	85	125	4	2.1	65	1	135	200	8	2.5
7,001-10,000	40	0	45	85	2	1.7	40	0	85	125	4	2.1	65	1	135	200	8	2.6
10,001-20,000	40	0	45	85	2	1.7	40	0	85	125	4	2.1	65	1	155	220	9	2.7
20,001-50,000	40	0	45	85	2	1.7	40	0	105	145	5	2.3	65	1	170	235	10	2.8
50,001-100,000	40	0	45	85	2	1.7	40	0	105	145	6	2.3	65	1	170	235	10	2.9

DL-4 (續)

批量 N \ 平均不良率 $\bar{p}$(%)	1.41-2.10 %						2.11-2.80 %						2.81-3.50 %					
	第一次抽樣		第二次抽樣			AOQL	第一次抽樣		第二次抽樣			AOQL	第一次抽樣		第二次抽樣			AOQL
	n_1	c_1	n_2	(n_1+n_2)	c_2	%	n_1	c_1	n_2	(n_1+n_2)	c_2	%	n_1	c_1	n_2	(n_1+n_2)	c_2	%
1-25	全數	0	-	-	-	0	全數	0	-	-	-	0	全數	0	-	-	-	0
26-50	24	0	-	-	-	0.80	24	0	-	-	-	0.80	24	0	-	-	-	0.80
51-75	31	0	15	46	1	0.90	31	0	15	46	1	0.90	31	0	15	46	1	0.90
76-110	34	0	31	65	2	1.2	34	0	31	65	2	1.2	34	0	31	65	2	1.2
111-200	36	0	54	90	3	1.5	36	0	54	90	3	1.5	36	0	69	105	4	1.5
201-300	37	0	58	95	3	1.6	37	0	73	110	4	1.7	60	1	80	140	6	1.9
301-400	38	0	77	115	4	1.8	60	1	85	145	5	1.9	60	1	100	160	7	2.0
401-500	39	0	76	115	4	1.8	60	1	105	165	7	2.1	60	1	135	195	9	2.2
501-600	65	1	90	155	6	2.1	65	1	120	185	8	2.2	85	2	130	215	10	2.3
601-800	65	1	105	170	7	2.2	65	1	140	205	9	2.3	85	2	165	250	12	2.5
801-1,000	65	1	110	175	7	2.2	85	2	140	225	10	2.5	105	3	180	285	14	2.7
1,001-2,000	65	1	150	215	9	2.5	105	3	175	280	13	2.8	145	5	230	375	19	3.1
2,001-3,000	85	2	165	250	11	2.7	105	3	210	315	15	3.0	165	6	300	465	24	3.3
3,001-4,000	85	2	185	270	12	2.8	105	3	250	355	17	3.1	180	7	335	515	27	3.4
4,001-5,000	85	2	185	270	12	2.9	125	4	245	370	18	3.2	180	7	370	550	29	3.6
5,001-7,000	85	2	205	290	13	3.0	125	4	265	390	19	3.3	200	8	385	585	31	3.8
7,001-10,000	85	2	205	290	13	3.1	125	4	300	425	21	3.4	200	8	450	650	35	3.9
10,001-20,000	85	2	220	305	14	3.2	125	4	335	460	23	3.5	220	9	485	705	38	4.0
20,001-50,000	85	2	240	325	15	3.3	145	5	360	505	26	3.5	220	9	565	785	43	4.1
50,001-100,000	105	3	270	375	18	3.4	165	6	390	555	29	3.7	235	10	610	845	47	4.2

DL-5 批容許不良率=10.0%
(LTPD=10.0%)

批量 N ＼ 平均不良率 p (%)	0-0.10 %						0.11-1.00 %						1.01-2.00 %					
	第一次抽樣		第二次抽樣			AOQL	第一次抽樣		第二次抽樣			AOQL	第一次抽樣		第二次抽樣			AOQL
	n_1	c_1	n_2	(n_1+n_2)	c_2	%	n_1	c_1	n_2	(n_1+n_2)	c_2	%	n_1	c_1	n_2	(n_1+n_2)	c_2	%
1-20	全數	0	-	-	-	0	全數	0	-	-	-	0	全數	0	-	-	-	0
21-50	17	0	-	-	-	1.3	17	0	-	-	-	1.3	17	0	-	-	-	1.0
51-100	25	0	13	38	1	1.6	25	0	13	38	1	1.6	25	0	13	38	1	1.6
101-200	27	0	15	42	1	1.8	27	0	15	42	1	1.8	27	0	28	55	2	2.1
201-300	27	0	16	43	1	1.9	27	0	30	57	2	2.2	27	0	43	70	3	2.4
301-400	27	0	17	44	1	1.9	27	0	33	60	2	2.2	27	0	43	70	3	2.5
401-500	28	0	16	44	1	1.9	28	0	32	60	2	2.3	28	0	57	85	4	2.7
501-600	28	0	17	45	1	1.9	28	0	32	60	2	2.3	28	0	57	85	4	2.8
601-800	28	0	17	45	1	2.0	28	0	47	75	3	2.6	28	0	57	85	4	2.9
801-1,000	28	0	32	60	2	2.3	28	0	47	75	3	2.6	28	0	72	100	5	3.0
1,001-2,000	28	0	32	60	2	2.4	28	0	47	75	3	2.7	45	1	70	115	6	3.3
2,001-3,000	28	0	32	60	2	2.4	28	0	47	75	3	2.7	45	1	85	130	7	3.5
3,001-4,000	28	0	32	60	2	2.4	28	0	62	90	4	2.9	45	1	85	130	7	3.5
4,001-5,000	28	0	32	60	2	2.4	28	0	62	90	4	3.0	45	1	95	140	8	3.7
5,001-7,000	28	0	32	60	2	2.4	28	0	62	90	4	3.0	45	1	95	140	8	3.8
7,001-10,000	28	0	32	60	2	2.5	28	0	62	90	4	3.0	45	1	95	140	8	3.8
10,001-20,000	28	0	32	60	2	2.5	28	0	62	90	4	3.0	45	1	110	155	9	3.0
20,001-50,000	28	0	32	60	2	2.5	28	0	72	100	5	3.3	45	1	120	165	10	3.3
50,001-100,000	28	0	32	60	2	2.5	28	0	72	100	5	3.3	45	1	135	180	11	4.2

DL-5 (續)

平均不良率 $\overline{p}$(%) / 批量 N	2.01-3.00 %						3.01-4.00 %						4.01-5.00 %					
	第一次抽樣		第二次抽樣			AOQL	第一次抽樣		第二次抽樣			AOQL	第一次抽樣		第二次抽樣			AOQL
	n_1	c_1	n_2	(n_1+n_2)	c_2	%	n_1	c_1	n_2	(n_1+n_2)	c_2	%	n_1	c_1	n_2	(n_1+n_2)	c_2	%
1-20	全數	0	-	-	-	0	全數	0	-	-	-	0	全數	0	-	-	-	0
21-50	17	0	-	-	-	1.3	17	0	-	-	-	1.3	17	0	-	-	-	1.3
51-100	25	0	24	49	2	1.8	25	0	24	49	2	1.8	25	0	24	49	2	1.8
101-200	27	0	38	65	3	2.3	27	0	53	80	4	2.4	27	0	53	80	4	2.4
201-300	27	0	53	80	4	2.7	43	1	62	105	6	2.8	43	1	82	125	8	3.0
301-400	44	1	66	110	6	2.9	44	1	86	130	8	3.1	60	2	90	150	10	3.2
401-500	44	1	76	120	7	3.1	44	1	101	145	9	3.3	60	2	105	165	11	3.4
501-600	45	1	75	120	7	3.3	60	2	100	160	10	3.4	75	3	115	190	13	3.6
601-800	45	1	90	135	8	3.5	60	2	110	170	11	3.7	75	3	140	215	15	3.9
801-1,000	45	1	90	135	8	3.5	60	2	125	185	12	3.9	90	4	150	240	17	4.1
1,001-2,000	60	2	105	165	10	3.9	65	3	150	225	15	4.3	115	6	200	315	23	4.8
2,001-3,000	60	2	130	190	12	4.1	75	3	175	250	17	4.4	130	7	235	365	27	5.0
3,001-4,000	60	2	130	190	12	4.2	90	4	170	260	18	4.6	130	7	255	385	29	5.1
4,001-5,000	60	2	140	200	13	4.3	90	4	190	270	19	4.7	140	8	270	410	31	5.2
5,001-7,000	60	2	140	200	13	4.4	90	4	205	295	21	4.9	140	8	315	455	35	5.3
7,001-10,000	60	2	155	215	14	4.4	90	4	220	310	22	4.0	140	8	340	480	37	5.4
10,001-20,000	60	2	165	225	15	4.4	100	5	230	330	24	5.1	155	9	370	525	41	5.6
20,001-50,000	75	3	165	240	16	4.5	100	5	280	380	28	5.2	165	10	405	570	45	5.7
50,001-100,000	75	3	200	275	19	4.8	115	6	285	400	30	5.3	165	10	440	605	48	6.2

Dodge Roming 單次抽樣表

表 C　SA-1 ＜ 平均出廠品質界限＝1.0%

(AOQL=1.0%)

$\overline{P}$(%) / N	0－.11			.12－.22			.23－.33			.34－.55			.56－.77		
	n	c	P_1(%)	n	c	P_1(%)	n	c	P_1(%)	n	c	P_1(%)	n	c	P_1(%)
25 以下	全數	0	—	全數	0	—	全數	0	—	全數	0	—	全數	0	—
26～50	25	0	6.5	25	0	6.5	25	0	6.5	25	0	6.5	25	0	6.5
51～70	29	0	6.1	29	0	6.1	29	0	6.1	29	0	6.1	29	0	6.1
71～100	31	0	6.0	31	0	6.0	31	0	6.0	31	0	6.0	31	0	6.0
101～200	34	0	6.0	34	0	6.0	34	0	6.0	34	0	6.0	34	0	6.0
201～300	35	0	6.0	34	0	6.0	34	0	6.0	34	0	6.0	34	0	6.0
301～500	36	0	6.0	36	0	6.0	36	0	6.0	36	0	6.0	36	0	6.0
501～700	36	0	6.0	36	0	6.0	85	1	4.3	85	1	4.3	85	1	4.3
701～1000	36	0	6.1	85	1	4.4	85	1	4.4	85	1	4.4	85	1	4.4
1001～2000	85	1	4.4	85	1	4.4	85	1	4.4	135	2	3.8	135	2	3.8
2001～3000	85	1	4.5	85	1	4.5	85	1	4.5	135	2	3.9	190	3	3.5
3001～5000	85	1	4.5	85	1	4.5	135	2	3.9	190	3	3.5	255	4	3.1
5001～7000	85	1	4.5	135	2	3.9	135	2	3.9	190	3	3.5	315	5	2.9
7001～10000	85	1	4.5	135	2	3.9	190	3	3.5	255	4	3.1	380	6	2.8
10001～20000	135	2	3.9	135	2	3.9	190	3	3.5	315	5	2.9	445	7	2.6
20001～30000	135	2	3.9	190	3	3.5	190	3	3.5	315	5	2.9	515	8	2.5
30001～50000	135	2	3.9	190	3	3.5	255	4	3.1	315	5	2.9	580	9	2.4

$\overline{P}$＝平均不良率

N＝ 批量

SA-2 < 平均出廠品質界限=2.0%

(AOQL=2.0%)

N \ $\overline{P}$(%)	0—.22			.23—.33			.34—.55			.56—.77			.78—1.1		
	n	c	P_1(%)	n	c	P_1(%)	n	c	P_1(%)	n	c	P_1(%)	n	c	P_1(%)
16 以下	全數	0	—	全數	0	—	全數	0	—	全數	0	—	全數	0	—
17～70	16	0	12.0	16	0	12.0	16	0	12.0	16	0	12.0	16	0	12.0
71～100	17	0	11.6	17	0	11.6	17	0	11.6	17	0	11.6	17	0	11.6
101～200	18	0	11.5	18	0	11.5	18	0	11.5	18	0	11.5	18	0	11.5
201～500	18	0	11.7	18	0	11.7	42	1	8.7	42	1	8.7	42	1	8.7
501～700	18	0	11.9	42	1	8.7	42	1	8.7	42	1	8.7	70	2	7.2
701～1000	42	1	8.8	42	1	8.8	42	1	8.8	42	1	8.8	70	2	7.3
1001～2000	42	1	8.9	42	1	8.9	70	2	7.4	70	2	7.4	70	2	7.4
2001～3000	42	1	8.9	42	1	8.9	70	2	7.4	70	2	7.4	95	3	6.9
3001～5000	42	1	8.9	70	2	7.4	70	2	7.4	95	3	6.9	95	3	6.9
5001～7000	70	2	7.4	70	2	7.4	70	2	7.4	95	3	6.9	125	4	6.3
7001～10000	70	2	7.4	70	2	7.4	95	3	6.9	95	3	6.9	155	5	5.9
10001～20000	70	2	7.4	70	2	7.4	95	3	6.9	125	4	6.3	190	6	5.5
20001～30000	70	2	7.4	70	2	7.4	95	3	6.9	155	5	5.9	220	7	5.3
30001～50000	70	2	7.4	95	3	6.9	125	4	6.3	155	5	5.9	255	8	5.1

$\overline{P}$ = 平均不良率

N = 批量

SA-3 ＜ 平均出廠品質界限＝3.0%

(AOQL=3.0%)

$\overline{P}$(%) / N	0—.33			.34—.55			.56—.77			.78—1.1			1.2—2.2		
	n	c	P_1(%)	n	c	P_1(%)	n	c	P_1(%)	n	c	P_1(%)	n	c	P_1(%)
11 以下	全數	0	—	全數	0	—	全數	0	—	全數	0	—	全數	0	—
12～70	11	0	17.5	11	0	17.5	11	0	17.5	11	0	17.5	11	0	17.5
71～100	12	0	16.5	12	0	16.5	12	0	16.5	12	0	16.5	12	0	16.5
101～200	12	0	17.0	12	0	17.0	12	0	17.0	12	0	17.0	28	1	12.6
201～300	12	0	17.1	12	0	17.1	28	1	12.8	28	1	12.8	28	1	12.8
301～500	12	0	17.2	28	1	13.0	28	1	13.0	28	1	13.0	46	2	10.9
501～700	28	1	13.1	28	1	13.1	28	1	13.1	28	1	13.1	46	2	10.9
701～1000	28	1	13.1	28	1	13.1	28	1	13.1	46	2	11.0	65	3	9.8
1001～2000	28	1	13.2	28	1	13.2	42	2	11.1	46	2	11.1	65	3	9.9
2001～3000	28	1	13.2	46	2	11.1	46	2	11.1	46	2	11.1	105	5	8.7
3001～5000	28	1	13.2	46	2	11.1	46	2	11.1	65	3	10.0	125	6	8.3
5001～10000	46	2	11.1	46	2	11.1	65	3	10.0	85	4	9.2	145	7	8.0
10001～20000	46	2	11.1	65	3	10.0	65	3	10.0	105	5	8.7	195	9	7.2
20001～30000	46	2	11.1	65	3	10.0	65	3	10.0	125	6	8.3	215	10	7.0
30001～50000	46	2	11.1	65	3	10.0	65	4	9.2	125	6	8.3	240	11	6.8

$\overline{P}$＝ 平均不良率

N＝ 批量

SA-4 < 平均出廠品質界限=5.0%

(AOQL=5.0%)

$\overline{P}$(%) / N	0—.55			.56—.77			.78—1.1			1.2—2.2			2.3—3.3		
	n	c	P_1(%)	n	c	P_1(%)	n	c	P_1(%)	n	c	P_1(%)	n	c	P_1(%)
7以下	全數	0	—	全數	0	—	全數	0	—	全數	0	—	全數	0	—
8～70	7	0	26.8	7	0	26.8	7	0	26.8	7	0	26.8	7	0	26.8
71～100	7	0	27.2	7	0	27.2	7	0	27.2	7	0	27.2	16	1	21.1
101～200	7	0	27.6	7	0	27.6	16	1	21.7	16	1	21.7	16	1	21.7
201～300	16	1	21.9	16	1	21.9	16	1	21.9	16	1	21.9	16	1	21.9
301～500	16	1	22.0	16	1	22.0	16	1	22.0	27	2	18.8	27	2	18.8
501～700	16	1	22.1	16	1	22.1	16	1	22.1	27	2	18.8	39	3	16.1
701～1000	16	1	22.2	16	1	22.2	16	1	22.2	27	2	18.4	50	4	15.2
1001～2000	16	1	22.2	16	1	22.2	27	2	18.5	39	3	16.3	65	5	13.8
2001～3000	16	1	22.2	27	2	18.5	27	2	18.5	39	3	16.3	65	5	13.8
3001～5000	27	2	18.5	27	2	18.5	27	2	18.5	50	4	15.4	75	6	13.6
5001～7000	27	2	18.5	27	2	18.5	27	2	18.5	65	5	13.8	90	7	12.7
7001～10000	27	2	18.5	27	2	18.5	39	3	16.3	65	5	13.8	100	8	12.7
10001～20000	27	2	18.5	39	3	16.3	39	3	16.3	65	5	13.8	130	10	11.6
20001～30000	27	2	18.5	39	3	16.3	50	4	15.4	75	6	13.6	145	11	11.2
30001～50000	39	3	16.3	39	3	16.3	50	4	15.4	90	7	12.7	160	12	10.9

$\overline{P}$ = 平均不良率

N = 批量

SL-1 ＜ 批容許不良率＝1.0%

(LTPD=1.0%)

$\overline{P}$(%) / N	0—.055			.056—.077			.078—.11			.12—.22			.23—.33		
	n	c	AOQL (%)	n	c	AOQL (%)	n	c	AOQL (%)	n	c	AOQL (%)	n	c	AOQL (%)
160 以下	全數	0	0	全數	0	0	全數	0	0	全數	0	0	全數	0	0
161～300	160	0	.15	160	0	.15	160	0	.15	160	0	.15	160	0	.15
301～500	180	0	.16	180	0	.16	180	0	.16	180	0	.16	180	0	.16
501～700	195	0	.16	195	0	.16	195	0	.16	195	0	.16	195	0	.16
701～1000	205	0	.16	205	0	.16	205	0	.16	385	1	.22	385	1	.22
1001～2000	215	0	.16	385	1	.22	385	1	.22	530	2	.26	665	3	.29
2001～3000	385	1	.22	385	1	.22	385	1	.22	530	2	.26	665	3	.29
3001～5000	385	1	.22	385	1	.22	530	2	.26	665	3	.29	1050	6	.36
5001～7000	385	1	.22	530	2	.26	530	2	.26	795	4	.32	1050	6	.36
7001～10000	530	2	.26	530	2	.26	530	2	.26	795	4	.32	1170	7	.38
10001～20000	530	2	.26	530	2	.26	665	3	.29	925	5	.34	1290	8	.40
20001～30000	530	2	.26	530	2	.26	665	3	.29	1050	6	.36	1410	9	.42
30001～50000	530	2	.26	665	3	.29	795	4	.32	1170	7	.38	1530	10	.48

$\overline{P}$＝ 平均不良率

N＝ 批量

SL-2 < 批容許不良率＝2.0%

(LTPD=2.0%)

N \ $\overline{P}$(%)	0—.11			.12—.22			.23—.33			.34—.55			.56—.77		
	n	c	AOQL (%)	n	c	AOQL (%)	n	c	AOQL (%)	n	c	AOQL (%)	n	c	AOQL (%)
70 以下	全數	0	0	全數	0	0	全數	0	0	全數	0	0	全數	0	0
71～100	70	0	.31	70	0	.31	70	0	.31	70	0	.31	70	0	.31
101～200	85	0	.31	85	0	.31	85	0	.31	85	0	.31	85	0	.31
201～300	95	0	.32	95	0	.32	95	0	.32	95	0	.32	95	0	.32
301～500	100	0	.32	100	0	.32	100	0	.32	190	1	.44	190	1	.44
501～700	105	0	.32	105	0	.32	190	1	.44	190	1	.44	190	1	.44
701～1000	110	0	.32	190	1	.44	190	1	.44	260	2	.53	330	3	.59
1001～2000	190	1	.44	260	2	.53	260	2	.53	395	4	.65	460	5	.69
2001～3000	190	1	.44	260	2	.53	330	3	.59	395	4	.65	520	6	.74
3001～5000	260	2	.53	260	2	.53	330	3	.59	460	5	.69	585	7	.77
5001～7000	260	2	.53	330	3	.59	395	4	.65	520	6	.74	585	7	.77
7001～10000	260	2	.53	330	3	.59	395	4	.65	520	6	.74	705	9	.83
10001～20000	260	2	.53	330	3	.59	460	5	.69	645	8	.80	825	11	.88
20001～30000	260	2	.53	395	4	.65	460	5	.69	705	9	.80	935	13	.93
30001～50000	330	3	.59	460	5	.69	520	6	.74	705	9	.83	935	13	.93

$\overline{P}$＝ 平均不良率

N＝ 批量

SL-3 ＜ 批容許不良率＝3.0%

(LTPD=3.0%)

$\overline{P}$(%) / N	0—.22			.23—.33			.34—.55			.56—.77			.78—1.1		
	n	c	AOQL (%)	n	c	AOQL (%)	N	c	AOQL (%)	n	c	AOQL (%)	n	c	AOQL (%)
48 以下	全數	0	0	全數	0	0	全數	0	0	全數	0	0	全數	0	0
49～70	48	0	.45	48	0	.45	48	0	.45	48	0	.45	48	0	.45
71～100	55	0	.46	55	0	.46	55	0	.46	55	0	.46	55	0	.46
101～200	65	0	.48	65	0	.48	65	0	.48	65	0	.48	65	0	.48
201～300	65	0	.48	65	0	.48	65	0	.48	65	0	.48	125	1	.67
301～500	125	1	.67	125	1	.67	125	1	.67	125	1	.67	175	2	.78
501～700	125	1	.67	125	1	.67	175	2	.78	175	2	.78	220	3	.88
701～1000	125	1	.67	125	1	.67	175	2	.78	220	3	.88	260	4	.96
1001～2000	125	1	.67	175	2	.78	220	3	.88	260	4	.98	305	5	1.0
2001～3000	175	2	.78	220	3	.88	260	4	.98	305	5	1.0	390	7	1.2
3001～5000	175	2	.78	220	3	.88	260	4	.98	345	6	1.1	430	8	1.2
5001～7000	175	2	.78	220	3	.88	260	4	.98	345	6	1.1	510	10	1.3
7001～10000	175	2	.78	220	3	.88	305	5	1.0	345	6	1.1	550	11	1.3
10001～20000	220	3	.88	260	4	.98	345	6	1.1	390	7	1.2	625	13	1.4
20001～30000	220	3	.88	260	4	.98	345	6	1.1	430	8	1.2	665	14	1.4
30001～50000	220	3	.88	305	5	1.0	390	7	1.2	510	10	1.3	655	14	1.4

$\overline{P}$＝ 平均不良率

N＝ 批量

SL-4 ＜ 批容許不良率＝5.0%

(LTPD=5.0%)

$\overline{P}$(%) / N	0—.33			.34—.55			.56—.77			.78—1.1			1.2—2.2		
	n	c	AOQL (%)	n	c	AOQL (%)	n	c	AOQL (%)	n	c	AOQL (%)	n	c	AOQL (%)
30 以下	全數	0	0	全數	0	0	全數	0	0	全數	0	0	全數	0	0
31～50	30	0	.80	30	0	.80	30	0	.80	30	0	.80	30	0	.80
51～70	34	0	.75	34	0	.75	34	0	.75	34	0	.75	34	0	.75
71～100	37	0	.79	37	0	.79	37	0	.79	37	0	.79	37	0	.79
101～200	41	0	.79	41	0	.79	41	0	.79	75	1	1.1	75	1	1.1
201～300	42	0	.80	75	1	1.1	75	1	1.1	75	1	1.1	105	2	1.3
301～500	75	1	1.1	75	1	1.1	75	1	1.1	75	1	1.1	130	3	1.5
501～700	75	1	1.1	105	2	1.3	105	2	1.3	130	3	1.5	180	5	1.7
701～1000	75	1	1.1	105	2	1.3	105	2	1.3	130	3	1.5	205	6	1.9
1001～2000	105	2	1.3	105	2	1.3	130	3	1.5	155	4	1.6	280	9	2.1
2001～3000	105	2	1.3	130	3	1.5	130	3	1.5	155	4	1.6	305	10	2.2
3001～5000	105	2	1.3	130	3	1.5	155	4	1.6	205	6	1.9	350	12	2.3
5001～7000	105	2	1.3	155	4	1.6	180	5	1.7	205	6	1.9	350	12	2.3
7001～10000	130	3	1.5	155	4	1.6	180	5	1.7	205	6	1.9	395	14	2.4
10001～30000	130	3	1.5	155	4	1.6	205	6	1.9	255	8	2.0	420	15	2.4
30001～50000	130	3	1.5	180	5	1.7	205	6	1.9	255	8	2.0	465	17	2.5

$\overline{P}$＝ 平均不良率

N＝ 批量

表 D　JISZ 9002　計數值單次抽樣檢驗計畫表

$\alpha \fallingdotseq 0.05$，$\beta \fallingdotseq 0.10$

P_1(%) / P_0(%)	1.13–1.40	1.41–1.80	1.81–2.24	2.25–2.80	2.81–3.55	3.56–4.50	4.51–5.60	5.61–7.10	7.11–9.00	9.01–11.2	11.3–14.0	14.1–18.0	18.1–22.4
0.090～0.112	↓	←	↓	→	60 0	50 0	←	↓	↓	←	↓	↓	↓
0.113～0.140	300 1	↓	←	↓	→	↑	40 0	←	↓	↓	←	↓	↓
0.141～0.180	↓	250 1	↓	←	↓	→	↑	30 0	←	↓	↓	←	↓
0.181～0.224	400 2	↓	200 1	↓	←	↓	→	↑	25 0	←	↓	↓	←
0.225～0.280	500 3	300 2	↓	150 1	↓	←	↓	→	↑	20 0	←	↓	↓
0.281～0.355	*	400 3	250 2	↓	120 1	↓	←	↓	→	↑	15 0	←	↓
0.356～0.450	*	500 4	300 3	200 2	↓	100 1	↓	←	↓	→	↑	15 0	←
0.451～0.560	*	*	400 4	250 3	150 2	↓	80 1	↓	←	↓	→	↑	10 0
0.561～0.710	*	*	500 6	300 4	200 3	120 2	↓	60 1	↓	←	↓	→	↑
0.711～0.900	*	*	*	400 6	250 4	150 3	100 2	↓	50 1	↓	←	↓	→
0.901～1.12	*	*	*	*	300 6	200 4	120 3	80 2	↓	40 1	↓	←	↓
1.13～1.40	*	*	*	*	500 10	250 6	150 4	100 3	60 2	↓	30 1	↓	←
1.41～1.80		*	*	*	*	400 10	200 6	120 4	80 3	50 2	↓	25 1	↓
1.81～2.24			*	*	*	*	300 10	150 6	100 4	60 3	40 2	↓	20 1
2.25～2.80				*	*	*	*	250 10	120 6	70 4	50 3	30 2	↓
2.81～3.55					*	*	*	*	200 10	100 6	60 4	40 3	25 2
3.56～4.50						*	*	*	*	150 10	80 6	50 4	30 3
4.51～5.60							*	*	*	*	120 10	60 6	40 4
5.61～7.10								*	*	*	*	100 10	50 6
7.11～9.00									*	*	*	*	70 10
9.01～11.2										*	*	*	*

【註】表格中之數字，左邊為 n，右邊為 c。

MIL-STD-105D 抽樣計畫表

表 E-1　樣本代字

批　量	一般檢驗水準			特殊檢驗水準			
	I	II	III	S-1	S-2	S-3	S-4
2 ～ 8	A	A	B	A	A	A	A
9 ～ 15	A	B	C	A	A	A	A
16 ～ 25	B	C	D	A	A	B	B
26 ～ 50	C	D	E	A	B	B	C
51 ～ 90	C	E	F	B	B	C	C
91 ～ 150	D	F	G	B	B	C	D
151 ～ 280	E	G	H	B	C	D	E
281 ～ 500	F	H	J	B	C	D	E
501 ～ 1200	G	J	K	C	C	E	F
1201 ～ 3200	H	K	L	C	D	E	G
3201 ～ 10000	J	L	M	C	D	F	G
10001 ～ 35000	K	M	N	C	D	F	H
35001 ～ 150000	L	N	P	D	E	G	J
150001 ～ 500000	M	P	Q	D	E	G	J
500001 以上	N	Q	R	D	E	H	K

表 E-2 正常檢驗單次抽樣計畫（主抽樣表）

樣本代字	樣本大小	允收品質水準（正常檢驗）																				
		0.010	0.015	0.025	0.040	0.065	0.10	0.15	0.25	0.40	0.65	1.0	1.5	2.5	4.0	6.5	10	15	25	40	65	100
		Ac Re	Ac Re	Ac Re	Ac Re	Ac Re	Ac Re	Ac Re	Ac Re	Ac Re	Ac Re	Ac Re	Ac Re	Ac Re	Ac Re	Ac Re	Ac Re	Ac Re	Ac Re	Ac Re	Ac Re	Ac Re
A	2	↓	↓	↓	↓	↓	↓	↓	↓	↓	↓	↓	↓	↓	↓	0 1	↓	↓	1 2	2 3	3 4	5 6
B	3	↓	↓	↓	↓	↓	↓	↓	↓	↓	↓	↓	↓	↓	0 1	↑	↓	1 2	2 3	3 4	5 6	7 8
C	5	↓	↓	↓	↓	↓	↓	↓	↓	↓	↓	↓	↓	0 1	↑	↓	1 2	2 3	3 4	5 6	7 8	10 11
D	8	↓	↓	↓	↓	↓	↓	↓	↓	↓	↓	↓	0 1	↑	↓	1 2	2 3	3 4	5 6	7 8	10 11	14 15
E	13	↓	↓	↓	↓	↓	↓	↓	↓	↓	↓	0 1	↑	↓	1 2	2 3	3 4	5 6	7 8	10 11	14 15	21 22
F	20	↓	↓	↓	↓	↓	↓	↓	↓	↓	0 1	↑	↓	1 2	2 3	3 4	5 6	7 8	10 11	14 15	21 22	↑
G	32	↓	↓	↓	↓	↓	↓	↓	↓	0 1	↑	↓	1 2	2 3	3 4	5 6	7 8	10 11	14 15	21 22	↑	↑
H	50	↓	↓	↓	↓	↓	↓	↓	0 1	↑	↓	1 2	2 3	3 4	5 6	7 8	10 11	14 15	21 22	↑	↑	↑
J	80	↓	↓	↓	↓	↓	↓	0 1	↑	↓	1 2	2 3	3 4	5 6	7 8	10 11	14 15	21 22	↑	↑	↑	↑
K	125	↓	↓	↓	↓	↓	0 1	↑	↓	1 2	2 3	3 4	5 6	7 8	10 11	14 15	21 22	↑	↑	↑	↑	↑
L	200	↓	↓	↓	↓	0 1	↑	↓	1 2	2 3	3 4	5 6	7 8	10 11	14 15	21 22	↑	↑	↑	↑	↑	↑
M	315	↓	↓	↓	0 1	↑	↓	1 2	2 3	3 4	5 6	7 8	10 11	14 15	21 22	↑	↑	↑	↑	↑	↑	↑
N	500	↓	↓	0 1	↑	↓	1 2	2 3	3 4	5 6	7 8	10 11	14 15	21 22	↑	↑	↑	↑	↑	↑	↑	↑
P	800	↓	0 1	↑	↓	1 2	2 3	3 4	5 6	7 8	10 11	14 15	21 22	↑	↑	↑	↑	↑	↑	↑	↑	↑
Q	1250	0 1	↑	↓	1 2	2 3	3 4	5 6	7 8	10 11	14 15	21 22	↑	↑	↑	↑	↑	↑	↑	↑	↑	↑
R	2000	↑	↑	1 2	2 3	3 4	5 6	7 8	10 11	14 15	21 22	↑	↑	↑	↑	↑	↑	↑	↑	↑	↑	↑

Ac：允收數。
Re：拒收數。

↑：使用箭頭下第一個抽樣計畫。
↓：使用箭頭上第一個抽樣計畫。

表 E-3　加嚴檢驗單次抽樣計畫（主抽樣表）

樣本代字	樣本大小	0.010	0.015	0.025	0.040	0.065	0.10	0.15	0.25	0.40	0.65	1.0	1.5	2.5	4.0	6.5	10	15	25	40	65	100
		允收品質水準（正常檢驗）																				
		Ac Re	Ac Re	Ac Re	Ac Re	Ac Re	Ac Re	Ac Re	Ac Re	Ac Re	Ac Re	Ac Re	Ac Re	Ac Re	Ac Re	Ac Re	Ac Re	Ac Re	Ac Re	Ac Re	Ac Re	Ac Re
A	2	↓	↓	↓	↓	↓	↓	↓	↓	↓	↓	↓	↓	↓	↓	↓	↓	↓	↓	1 2	2 3	3 4
B	3	↓	↓	↓	↓	↓	↓	↓	↓	↓	↓	↓	↓	↓	↓	0 1	↓	↓	1 2	2 3	3 4	5 6
C	5	↓	↓	↓	↓	↓	↓	↓	↓	↓	↓	↓	↓	↓	0 1	↓	↓	1 2	2 3	3 4	5 6	8 9
D	8	↓	↓	↓	↓	↓	↓	↓	↓	↓	↓	↓	↓	0 1	↓	↓	1 2	2 3	3 4	5 6	8 9	12 13
E	13	↓	↓	↓	↓	↓	↓	↓	↓	↓	↓	↓	0 1	↓	↓	1 2	2 3	3 4	5 6	8 9	12 13	18 19
F	20	↓	↓	↓	↓	↓	↓	↓	↓	↓	↓	0 1	↓	↓	1 2	2 3	3 4	5 6	8 9	12 13	18 19	↑
G	32	↓	↓	↓	↓	↓	↓	↓	↓	↓	0 1	↓	↓	1 2	2 3	3 4	5 6	8 9	12 13	18 19	↑	↑
H	50	↓	↓	↓	↓	↓	↓	↓	↓	0 1	↓	↓	1 2	2 3	3 4	5 6	8 9	12 13	18 19	↑	↑	↑
J	80	↓	↓	↓	↓	↓	↓	↓	0 1	↓	↓	1 2	2 3	3 4	5 6	8 9	12 13	18 19	↑	↑	↑	↑
K	125	↓	↓	↓	↓	↓	↓	0 1	↓	↓	1 2	2 3	3 4	5 6	8 9	12 13	18 19	↑	↑	↑	↑	↑
L	200	↓	↓	↓	↓	↓	0 1	↓	↓	1 2	2 3	3 4	5 6	8 9	12 13	18 19	↑	↑	↑	↑	↑	↑
M	315	↓	↓	↓	↓	0 1	↓	↓	1 2	2 3	3 4	5 6	8 9	12 13	18 19	↑	↑	↑	↑	↑	↑	↑
N	500	↓	↓	↓	0 1	↓	↓	1 2	2 3	3 4	5 6	8 9	12 13	18 19	↑	↑	↑	↑	↑	↑	↑	↑
P	800	↓	↓	0 1	↓	↓	1 2	2 3	3 4	5 6	8 9	12 13	18 19	↑	↑	↑	↑	↑	↑	↑	↑	↑
Q	1250	↓	0 1	↓	↓	1 2	2 3	3 4	5 6	8 9	12 13	18 19	↑	↑	↑	↑	↑	↑	↑	↑	↑	↑
R	2000	0 1	↑	↓	1 2	2 3	3 4	5 6	8 9	12 13	18 19	↑	↑	↑	↑	↑	↑	↑	↑	↑	↑	↑
S	3150			1 2								↑	↑	↑	↑	↑	↑	↑	↑	↑	↑	↑

Ac：允收數。
Re：拒收數。
↑：使用箭頭下第一個抽樣計畫。
↓：使用箭頭上第一個抽樣計畫。

表 E-4　減量檢驗單次抽樣計畫（主抽樣表）

樣本代字	樣本大小	允收品質水準（減量檢驗）																				
		0.010	0.015	0.025	0.040	0.065	0.10	0.15	0.25	0.40	0.65	1.0	1.5	2.5	4.0	6.5	10	15	25	40	65	100
		Ac Re	Ac Re	Ac Re	Ac Re	Ac Re	Ac Re	Ac Re	Ac Re	Ac Re	Ac Re	Ac Re	Ac Re	Ac Re	Ac Re	Ac Re	Ac Re	Ac Re	Ac Re	Ac Re	Ac Re	Ac Re
A	2	↓	↓	↓	↓	↓	↓	↓	↓	↓	↓	↓	↓	↓	↓	0 1	↓	↓	1 2	2 3	3 4	5 6
B	2	↓	↓	↓	↓	↓	↓	↓	↓	↓	↓	↓	↓	↓	0 1	↑	↓	0 2	1 3	2 4	3 5	5 6
C	2	↓	↓	↓	↓	↓	↓	↓	↓	↓	↓	↓	↓	0 1	↑	↓	0 2	1 3	1 4	2 5	3 6	5 8
D	3	↓	↓	↓	↓	↓	↓	↓	↓	↓	↓	↓	0 1	↑	↓	0 2	1 3	1 4	2 5	3 6	5 8	7 10
E	5	↓	↓	↓	↓	↓	↓	↓	↓	↓	↓	0 1	↑	↓	0 2	1 3	1 4	2 5	3 6	5 8	7 10	10 13
F	8	↓	↓	↓	↓	↓	↓	↓	↓	↓	0 1	↑	↓	0 2	1 3	1 4	2 5	3 6	5 8	7 10	10 13	↑
G	13	↓	↓	↓	↓	↓	↓	↓	↓	0 1	↑	↓	0 2	1 3	1 4	2 5	3 6	5 8	7 10	10 13	↑	↑
H	20	↓	↓	↓	↓	↓	↓	↓	0 1	↑	↓	0 2	1 3	1 4	2 5	3 6	5 8	7 10	10 13	↑	↑	↑
J	32	↓	↓	↓	↓	↓	↓	0 1	↑	↓	0 2	1 3	1 4	2 5	3 6	5 8	7 10	10 13	↑	↑	↑	↑
K	50	↓	↓	↓	↓	↓	0 1	↑	↓	0 2	1 3	1 4	2 5	3 6	5 8	7 10	10 13	↑	↑	↑	↑	↑
L	80	↓	↓	↓	↓	0 1	↑	↓	0 2	1 3	1 4	2 5	3 6	5 8	7 10	10 13	↑	↑	↑	↑	↑	↑
M	125	↓	↓	↓	0 1	↑	↓	0 2	1 3	1 4	2 5	3 6	5 8	7 10	10 13	↑	↑	↑	↑	↑	↑	↑
N	200	↓	↓	0 1	↑	↓	0 2	1 3	1 4	2 5	3 6	5 8	7 10	10 13	↑	↑	↑	↑	↑	↑	↑	↑
P	315	↓	0 1	↑	↓	0 2	1 3	1 4	2 5	3 6	5 8	7 10	10 13	↑	↑	↑	↑	↑	↑	↑	↑	↑
Q	500	0 1	↑	↓	0 2	1 3	1 4	2 5	3 6	5 8	7 10	10 13	↑	↑	↑	↑	↑	↑	↑	↑	↑	↑
R	800	↑	↑	0 2	1 3	1 4	2 5	3 6	5 8	7 10	10 13	↑	↑	↑	↑	↑	↑	↑	↑	↑	↑	↑

Ac：允收數。
Re：拒收數。
↓：使用箭頭下第一個抽樣計畫。
↑：使用箭頭上第一個抽樣計畫。

表 E-5　正常檢驗雙次抽樣計畫（主抽樣表）

樣本代字	樣本	樣本大小	累積樣本大小	允收品質水準（正常檢驗）																				
				0.010	0.015	0.025	0.040	0.065	0.10	0.15	0.25	0.40	0.65	1.0	1.5	2.5	4.0	6.5	10	15	25	40	65	100
				Ac Re	Ac Re	Ac Re	Ac Re	Ac Re	Ac Re	Ac Re	Ac Re	Ac Re	Ac Re	Ac Re	Ac Re	Ac Re	Ac Re	Ac Re	Ac Re	Ac Re	Ac Re	Ac Re	Ac Re	Ac Re
A				↓	↓	↓	↓	↓	↓	↓	↓	↓	↓	↓	↓	↓	↓	*	↓	↓	*	*	*	*
B	第一	2	2	↓	↓	↓	↓	↓	↓	↓	↓	↓	↓	↓	↓	↓	*	↑	↓	0 2	0 3	1 4	2 5	3 7
	第二	2	4																	1 2	3 4	4 5	6 7	8 9
C	第一	3	3	↓	↓	↓	↓	↓	↓	↓	↓	↓	↓	↓	↓	*	↑	↓	0 2	0 3	1 4	2 5	3 7	5 9
	第二	3	6																1 2	3 4	4 5	6 7	8 9	12 13
D	第一	5	5	↓	↓	↓	↓	↓	↓	↓	↓	↓	↓	↓	*	↑	↓	0 2	0 3	1 4	2 5	3 7	5 9	7 11
	第二	5	10															1 2	3 4	4 5	6 7	8 9	12 13	18 19
E	第一	8	8	↓	↓	↓	↓	↓	↓	↓	↓	↓	↓	*	↑	↓	0 2	0 3	1 4	2 5	3 7	5 9	7 11	11 16
	第二	8	16														1 2	3 4	4 5	6 7	8 9	12 13	18 19	26 27
F	第一	13	13	↓	↓	↓	↓	↓	↓	↓	↓	↓	*	↑	↓	0 2	0 3	1 4	2 5	3 7	5 9	7 11	11 16	↑
	第二	13	26													1 2	3 4	4 5	6 7	8 9	12 13	18 19	26 27	
G	第一	20	20	↓	↓	↓	↓	↓	↓	↓	↓	*	↑	↓	0 2	0 3	1 4	2 5	3 7	5 9	7 11	11 16	↑	↑
	第二	20	40												1 2	3 4	4 5	6 7	8 9	12 13	18 19	26 27		
H	第一	32	32	↓	↓	↓	↓	↓	↓	↓	*	↑	↓	0 2	0 3	1 4	2 5	3 7	5 9	7 11	11 16	↑	↑	↑
	第二	32	64											1 2	3 4	4 5	6 7	8 9	12 13	18 19	26 27			
J	第一	50	50	↓	↓	↓	↓	↓	↓	*	↑	↓	0 2	0 3	1 4	2 5	3 7	5 9	7 11	11 16	↑	↑	↑	↑
	第二	50	100										1 2	3 4	4 5	6 7	8 9	12 13	18 19	26 27				
K	第一	80	80	↓	↓	↓	↓	↓	*	↑	↓	0 2	0 3	1 4	2 5	3 7	5 9	7 11	11 16	↑	↑	↑	↑	↑
	第二	80	160									1 2	3 4	4 5	6 7	8 9	12 13	18 19	26 27					
L	第一	125	125	↓	↓	↓	↓	*	↑	↓	0 2	0 3	1 4	2 5	3 7	5 9	7 11	11 16	↑	↑	↑	↑	↑	↑
	第二	125	250								1 2	3 4	4 5	6 7	8 9	12 13	18 19	26 27						
M	第一	200	200	↓	↓	↓	*	↑	↓	0 2	0 3	1 4	2 5	3 7	5 9	7 11	11 16	↑	↑	↑	↑	↑	↑	↑
	第二	200	400							1 2	3 4	4 5	6 7	8 9	12 13	18 19	26 27							
N	第一	315	315	↓	↓	*	↑	↓	0 2	0 3	1 4	2 5	3 7	5 9	7 11	11 16	↑	↑	↑	↑	↑	↑	↑	↑
	第二	315	630						1 2	3 4	4 5	6 7	8 9	12 13	18 19	26 27								
P	第一	500	500	↓	*	↑	↓	0 2	0 3	1 4	2 5	3 7	5 9	7 11	11 16	↑	↑	↑	↑	↑	↑	↑	↑	↑
	第二	500	1000					1 2	3 4	4 5	6 7	8 9	12 13	18 19	26 27									
Q	第一	800	800	*	↑	↓	0 2	0 3	1 4	2 5	3 7	5 9	7 11	11 16	↑	↑	↑	↑	↑	↑	↑	↑	↑	↑
	第二	800	1600				1 2	3 4	4 5	6 7	8 9	12 13	18 19	26 27										
R	第一	1250	1250	↑	↑	0 2	0 3	1 4	2 5	3 7	5 9	7 11	11 16	↑	↑	↑	↑	↑	↑	↑	↑	↑	↑	↑
	第二	1250	2500			1 2	3 4	4 5	6 7	8 9	12 13	18 19	26 27											

Ac：允收數。
Re：拒收數。
↓：使用箭頭下第一個抽樣計畫。
↑：使用箭頭上第一個抽樣計畫。
*：使用相當之單次抽樣計畫。

表 E-6 加嚴檢驗單次抽樣計畫（主抽樣表）

樣本代字	樣本	樣本大小	累積樣本大小	允收品質水準（加嚴檢驗）																				
				0.010	0.015	0.025	0.040	0.065	0.10	0.15	0.25	0.40	0.65	1.0	1.5	2.5	4.0	6.5	10	15	25	40	65	100
				Ac Re	Ac Re	Ac Re	Ac Re	Ac Re	Ac Re	Ac Re	Ac Re	Ac Re	Ac Re	Ac Re	Ac Re	Ac Re	Ac Re	Ac Re	Ac Re	Ac Re	Ac Re	Ac Re	Ac Re	Ac Re
A				↓	↓	↓	↓	↓	↓	↓	↓	↓	↓	↓	↓	↓	↓	↓	↓	↓	↓	*	*	*
B	第一	2	2															*			0 2	0 3	1 4	2 5
	第二	2	4																		1 2	3 4	4 5	6 7
C	第一	3	3														*	↓		0 2	0 3	1 4	2 5	3 7
	第二	3	6																	1 2	3 4	4 5	6 7	11 12
D	第一	5	5													*	↓		0 2	0 3	1 4	2 5	3 7	6 10
	第二	5	10																1 2	3 4	4 5	6 7	11 12	15 16
E	第一	8	8												*	↓		0 2	0 3	1 4	2 5	3 7	6 10	9 14
	第二	8	16															1 2	3 4	4 5	6 7	11 12	15 16	23 24
F	第一	13	13											*	↓		0 2	0 3	1 4	2 5	3 7	6 10	9 14	↑
	第二	13	26														1 2	3 4	4 5	6 7	11 12	15 16	23 24	
G	第一	20	20										*	↓		0 2	0 3	1 4	2 5	3 7	6 10	9 14	↑	
	第二	20	40													1 2	3 4	4 5	6 7	11 12	15 16	23 24		
H	第一	32	32									*	↓		0 2	0 3	1 4	2 5	3 7	6 10	9 14	↑		
	第二	32	64												1 2	3 4	4 5	6 7	11 12	15 16	23 24			
J	第一	50	50								*	↓		0 2	0 3	1 4	2 5	3 7	6 10	9 14	↑			
	第二	50	100											1 2	3 4	4 5	6 7	11 12	15 16	23 24				
K	第一	80	80							*	↓		0 2	0 3	1 4	2 5	3 7	6 10	9 14	↑				
	第二	80	160										1 2	3 4	4 5	6 7	11 12	15 16	23 24					
L	第一	125	125						*	↓		0 2	0 3	1 4	2 5	3 7	6 10	9 14	↑					
	第二	125	250									1 2	3 4	4 5	6 7	11 12	15 16	23 24						
M	第一	200	200					*	↓		0 2	0 3	1 4	2 5	3 7	6 10	9 14	↑						
	第二	200	400								1 2	3 4	4 5	6 7	11 12	15 16	23 24							
N	第一	315	315				*	↓		0 2	0 3	1 4	2 5	3 7	6 10	9 14	↑							
	第二	315	630							1 2	3 4	4 5	6 7	11 12	15 16	23 24								
P	第一	500	500			*	↓		0 2	0 3	1 4	2 5	3 7	6 10	9 14	↑								
	第二	500	1000						1 2	3 4	4 5	6 7	11 12	15 16	23 24									
Q	第一	800	800		*	↓		0 2	0 3	1 4	2 5	3 7	6 10	9 14	↑									
	第二	800	1600					1 2	3 4	4 5	6 7	11 12	15 16	23 24										
R	第一	1250	1250	*	↑		0 2	0 3	1 4	2 5	3 7	6 10	9 14	↑										
	第二	1250	2500				1 2	3 4	4 5	6 7	11 12	15 16	23 24											
S	第一	2000	2000			0 2																		
	第二	2000	4000			1 2																		

Ac：允收數。

Re：拒收數。

↑：使用箭頭下第一個抽樣計畫。

↓：使用箭頭上第一個抽樣計畫。

*：使用相當之單次抽樣計畫。

表 E-7　減量檢驗單次抽樣計畫（主抽樣表）

樣本代字	樣本	樣本大小	累積樣本大小	允收品質水準（減量檢驗） 0.010 Ac Re	0.015 Ac Re	0.025 Ac Re	0.040 Ac Re	0.065 Ac Re	0.10 Ac Re	0.15 Ac Re	0.25 Ac Re	0.40 Ac Re	0.65 Ac Re	1.0 Ac Re	1.5 Ac Re	2.5 Ac Re	4.0 Ac Re	6.5 Ac Re	10 Ac Re	15 Ac Re	25 Ac Re	40 Ac Re	65 Ac Re	100 Ac Re
A B C				↓	↓	↓	↓	↓	↓	↓	↓	↓	↓	↓	↓	↓	↓ * ↑	* ↓ ↑	↓ ↓ *	↓ * *	* * *	* * *	* * *	* * *
D	第一 第二	2 2	2 4	↓	↓	↓	↓	↓	↓	↓	↓	↓	↓	↓	*	↑	↓	0 2 0 2	0 3 0 4	0 4 1 5	0 4 3 6	1 5 4 7	2 7 6 9	3 8 8 12
E	第一 第二	3 3	3 6	↓	↓	↓	↓	↓	↓	↓	↓	↓	↓	*	↑	↓	0 2 0 2	0 3 0 4	0 4 1 5	0 4 3 6	1 5 4 7	2 7 6 9	3 8 8 12	5 10 12 16
F	第一 第二	5 5	5 10	↓	↓	↓	↓	↓	↓	↓	↓	↓	*	↑	↓	0 2 0 2	0 3 0 4	0 4 1 5	0 4 3 6	1 5 4 7	2 7 6 9	3 8 8 12	5 10 12 16	↑
G	第一 第二	8 8	8 16	↓	↓	↓	↓	↓	↓	↓	↓	*	↑	↓	0 2 0 2	0 3 0 4	0 4 1 5	0 4 3 6	1 5 4 7	2 7 6 9	3 8 8 12	5 10 12 16	↑	↑
H	第一 第二	13 13	13 26	↓	↓	↓	↓	↓	↓	↓	*	↑	↓	0 2 0 2	0 3 0 4	0 4 1 5	0 4 3 6	1 5 4 7	2 7 6 9	3 8 8 12	5 10 12 16	↑	↑	↑
J	第一 第二	20 20	20 40	↓	↓	↓	↓	↓	↓	*	↑	↓	0 2 0 2	0 3 0 4	0 4 1 5	0 4 3 6	1 5 4 7	2 7 6 9	3 8 8 12	5 10 12 16	↑	↑	↑	↑
K	第一 第二	32 32	32 64	↓	↓	↓	↓	↓	*	↑	↓	0 2 0 2	0 3 0 4	0 4 1 5	0 4 3 6	1 5 4 7	2 7 6 9	3 8 8 12	5 10 12 16	↑	↑	↑	↑	↑
L	第一 第二	50 50	50 100	↓	↓	↓	↓	*	↑	↓	0 2 0 2	0 3 0 4	0 4 1 5	0 4 3 6	1 5 4 7	2 7 6 9	3 8 8 12	5 10 12 16	↑	↑	↑	↑	↑	↑
M	第一 第二	80 80	80 160	↓	↓	↓	*	↑	↓	0 2 0 2	0 3 0 4	0 4 1 5	0 4 3 6	1 5 4 7	2 7 6 9	3 8 8 12	5 10 12 16	↑	↑	↑	↑	↑	↑	↑
N	第一 第二	125 125	125 250	↓	↓	*	↑	↓	0 2 0 2	0 3 0 4	0 4 1 5	0 4 3 6	1 5 4 7	2 7 6 9	3 8 8 12	5 10 12 16	↑	↑	↑	↑	↑	↑	↑	↑
P	第一 第二	200 200	200 400	↓	*	↑	↓	0 2 0 2	0 3 0 4	0 4 1 5	0 4 3 6	1 5 4 7	2 7 6 9	3 8 8 12	5 10 12 16	↑	↑	↑	↑	↑	↑	↑	↑	↑
Q	第一 第二	315 315	315 630	*	↑	↓	0 2 0 2	0 3 0 4	0 4 1 5	0 4 3 6	1 5 4 7	2 7 6 9	3 8 8 12	5 10 12 16	↑	↑	↑	↑	↑	↑	↑	↑	↑	↑
R	第一 第二	500 500	500 1000	↑	↑	0 2 0 2	0 3 0 4	0 4 1 5	0 4 3 6	1 5 4 7	2 7 6 9	3 8 8 12	5 10 12 16	↑	↑	↑	↑	↑	↑	↑	↑	↑	↑	↑

Ac：允收數。
Re：拒收數。

↓：使用箭頭下第一個抽樣計畫。
↑：使用箭頭上第一個抽樣計畫。
*：使用相當之單次抽樣計畫。

表F　CSP-1 表

(由 AOQL 及 f 值查 i)

f	AOQL (%)										
	0.113	0.198	0.33	0.53	0.79	1.22	1.90	2.90	4.94	7.12	11.46
1／2	245	140	84	53	36	23	15	10	6	5	3
1／3	405	232	140	87	59	38	25	16	10	7	5
1／4	530	303	182	113	76	49	32	21	13	9	6
1／5	630	360	217	135	91	58	38	25	15	11	7
1／7	790	450	270	168	113	73	47	31	18	13	8
1／10	965	550	335	207	138	89	57	38	22	16	10
1／15	1180	672	410	255	170	108	70	46	27	19	12
1／25	1450	828	500	315	210	134	86	57	33	23	14
1／50	1870	1067	640	400	270	175	110	72	42	29	18
1／100	2305	1302	790	500	330	215	135	89	52	36	22
1／200	2760	1583	950	590	400	255	165	106	62	43	26

表G　CSP-2表

〔由AOQL及f值查i(k=i)〕

f	AOQL (%)					
	1.22	1.90	2.90	4.94	7.12	11.46
1／2	35	23	15	9	7	4
1／3	55	36	24	14	10	7
1／4	70	45	30	18	12	8
1／5	81	52	35	20	14	9
1／7	99	64	42	25	17	11
1／10	118	76	50	29	20	13
1／15	140	90	59	35	24	15
1／25	170	109	71	42	29	18
1／50	210	134	88	52	36	22

表 H-1　JIS Z9003 計量值單次抽樣檢驗表

σ已知，平均數管制型($\alpha \fallingdotseq 0.05$　$\beta \fallingdotseq 0.10$)

$\dfrac{\lvert m_1 - m_0 \rvert}{\sigma}$	n	G_0
2.069 以上	2	1.163
1.690 ～ 2.068	3	0.950
1.463 ～ 1.689	4	0.822
1.309 ～ 1.462	5	0.736
1.195 ～ 1.308	6	0.672
1.106 ～ 1.194	7	0.622
1.035 ～ 1.105	8	0.582
0.975 ～ 1.034	9	0.548
0.925 ～ 0.974	10	0.520
0.882 ～ 0.924	11	0.496
0.845 ～ 0.881	12	0.475
0.812 ～ 0.844	13	0.456
0.772 ～ 0.811	14	0.440
0.756 ～ 0.771	15	0.425
0.732 ～ 0.755	16	0.411
0.710 ～ 0.731	17	0.399
0.690 ～ 0.709	18	0.383
0.671 ～ 0.689	19	0.377
0.654 ～ 0.670	20	0.368
0.585 ～ 0.653	25	0.329
0.534 ～ 0.584	30	0.300
0.495 ～ 0.533	35	0.278
0.463 ～ 0.494	40	0.260
0.436 ～ 0.462	45	0.245
0.414 ～ 0.435	50	0.233

表 H-2　JIS Z9003 不良率型計量值單次抽樣檢驗表

σ已知(從 P_0，P_1 查 n，k)

P_0(%) ＼ P_1(%) 代表值	代表值 ＼ 範圍	0.80	1.00	1.25	1.60	2.00	2.50	3.15	4.00	5.00	6.30	8.00	10.0	12.5
代表值	範圍	0.71 ~ 0.90	0.91 ~ 1.12	1.13 ~ 1.40	1.41 ~ 1.80	1.81 ~ 2.24	2.25 ~ 2.80	2.81 ~ 3.55	3.56 ~ 4.50	4.51 ~ 5.60	5.61 ~ 7.10	7.11 ~ 9.00	9.01 ~ 11.2	11.3 ~ 14.0
0.100	0.090 ~ 0.112	$18^{2.71}$	$15^{2.66}$	$12^{2.61}$	$10^{2.56}$	$8^{2.51}$	$7^{2.46}$	$6^{2.40}$	$5^{2.34}$	$4^{2.28}$	$4^{2.30}$	$3^{2.14}$	$3^{2.08}$	$2^{1.99}$
0.125	0.113 ~ 0.140	$23^{2.68}$	$18^{2.63}$	$14^{2.58}$	$10^{2.53}$	$9^{2.48}$	$8^{2.43}$	$6^{2.37}$	$5^{2.31}$	$5^{2.25}$	$4^{2.19}$	$3^{2.11}$	$3^{2.05}$	$2^{1.96}$
0.160	0.141 ~ 0.180	$29^{2.64}$	$22^{2.60}$	$17^{2.55}$	$13^{2.50}$	$11^{2.45}$	$9^{2.39}$	$7^{2.35}$	$6^{2.28}$	$5^{2.22}$	$4^{2.15}$	$4^{2.09}$	$3^{2.01}$	$3^{1.94}$
0.200	0.181 ~ 0.224	$39^{2.61}$	$28^{2.57}$	$21^{2.52}$	$16^{2.47}$	$13^{2.42}$	$10^{2.36}$	$8^{2.30}$	$7^{2.25}$	$6^{2.19}$	$5^{2.12}$	$4^{2.05}$	$3^{1.98}$	$3^{1.91}$
0.250	0.225 ~ 0.280	*	$37^{2.54}$	$27^{2.49}$	$20^{2.44}$	$15^{2.38}$	$12^{2.33}$	$10^{2.28}$	$8^{2.21}$	$6^{2.15}$	$5^{2.09}$	$4^{2.02}$	$4^{1.95}$	$3^{1.87}$
0.315	0.281 ~ 0.355	*	*	$36^{2.46}$	$25^{2.40}$	$19^{2.35}$	$14^{2.30}$	$11^{2.24}$	$9^{2.18}$	$7^{2.12}$	$6^{2.06}$	$5^{1.99}$	$4^{1.92}$	$3^{1.84}$
0.400	0.356 ~ 0.450	*	*	*	$33^{2.37}$	$24^{2.32}$	$18^{2.26}$	$14^{2.21}$	$11^{2.15}$	$8^{2.08}$	$7^{2.02}$	$6^{1.95}$	$5^{1.89}$	$4^{1.81}$
0.500	0.451 ~ 0.560	*	*	*	$46^{2.33}$	$31^{2.28}$	$23^{2.23}$	$17^{2.17}$	$13^{2.11}$	$10^{2.05}$	$8^{1.99}$	$6^{1.92}$	$5^{1.85}$	$4^{1.77}$
0.630	0.561 ~ 0.710	*	*	*	*	$44^{2.25}$	$30^{2.19}$	$21^{2.09}$	$15^{2.08}$	$12^{2.02}$	$9^{1.95}$	$7^{1.89}$	$6^{1.81}$	$5^{1.74}$
0.800	0.711 ~ 0.900	*	*	*	*	*	$42^{2.16}$	$28^{2.10}$	$20^{2.04}$	$15^{1.98}$	$11^{1.91}$	$8^{1.84}$	$7^{1.78}$	$5^{1.70}$
1.00	0.901 ~ 1.12		*	*	*	*	*	$38^{2.06}$	$26^{2.00}$	$18^{1.94}$	$14^{1.88}$	$10^{1.81}$	$8^{1.74}$	$6^{1.66}$
1.25	1.13 ~ 1.40			*	*	*	*	*	$36^{1.97}$	$24^{1.91}$	$17^{1.84}$	$12^{1.77}$	$9^{1.70}$	$7^{1.63}$
1.60	1.41 ~ 1.80				*	*	*	*	*	$34^{1.86}$	$23^{1.80}$	$16^{1.73}$	$12^{1.66}$	$9^{1.59}$
2.00	1.81 ~ 2.24					*	*	*	*	*	$31^{1.76}$	$20^{1.69}$	$14^{1.62}$	$10^{1.54}$
2.50	2.25 ~ 2.80						*	*	*	*	$46^{1.72}$	$28^{1.65}$	$19^{1.58}$	$13^{1.50}$
3.15	2.81 ~ 3.55							*	*	*	*	$42^{1.60}$	$26^{1.53}$	$17^{1.46}$
4.00	3.56 ~ 4.50								*	*	*	*	$39^{1.49}$	$24^{1.41}$
5.00	4.51 ~ 5.60									*	*	*	*	$35^{1.37}$
6.30	5.61 ~ 7.10										*	*	*	*

表 I　JIS Z9004 不良率型計量值單次抽樣檢驗表

σ 未知(由 P_0，P_1 查 n，k)　$\alpha \doteqdot 0.05$　$\beta \doteqdot 0.10$

p_0 \ n	0.1		0.15		0.2		0.3		0.5		0.7		1.0		1.5		2.0		3.0		5.0		7.0	
	p_1	k	p_1	k	p_1	k	p_1	k	p_1	k	p_1	k	p_1	k	p_1	k	p_1	k	p_1	k	p_1	k	p_1	k
5	21.0	1.81	22.0	1.73	24.0	1.66	25.0	1.57	28.0	1.45	30.0	1.37	32.0	1.28	35.0	1.18	38.0	1.08						
6	17.0	1.90	18.0	1.82	19.0	1.75	21.0	1.65	24.0	1.53	25.0	1.44	28.0	1.35	30.0	1.25	33.0	1.15	36.0	1.02				
7	14.0	1.97	15.0	1.89	16.0	1.82	18.0	1.72	20.0	1.59	22.0	1.51	24.0	1.41	26.0	1.31	29.0	1.20	33.0	1.08	38.0	0.89		
8	12.0	2.02	13.0	1.95	14.0	1.87	16.0	1.77	17.0	1.64	20.0	1.56	22.0	1.46	24.0	1.36	27.0	1.25	30.0	1.12	35.0	0.93	39.0	0.80
9	10.0	2.07	11.0	2.00	12.0	1.92	14.0	1.82	15.0	1.69	18.0	1.60	20.0	1.50	22.0	1.40	25.0	1.29	28.0	1.16	33.0	0.97	37.0	0.83
10	9.0	2.12	9.7	2.04	11.0	1.96	12.0	1.86	14.0	1.73	16.0	1.64	18.0	1.54	20.0	1.43	23.0	1.32	26.0	1.19	31.0	1.00	35.0	0.86
11	7.7	2.16	8.6	2.08	9.6	1.99	11.0	1.89	13.0	1.76	15.0	1.68	16.0	1.57	19.0	1.46	21.0	1.35	24.0	1.22	29.0	1.02	33.0	0.88
12	6.9	2.19	7.7	2.11	8.7	2.02	10.0	1.92	12.0	1.79	13.5	1.71	15.0	1.60	18.0	1.49	20.0	1.38	23.0	1.24	28.0	1.05	32.0	0.90
13	6.2	2.22	7.0	2.14	8.0	2.05	9.2	1.95	11.2	1.81	12.6	1.73	14.0	1.62	16.4	1.51	19.0	1.40	22.0	1.26	27.0	1.07	31.0	0.92
14	5.7	2.24	6.4	2.16	7.4	2.08	8.5	1.97	10.4	1.83	11.7	1.75	13.4	1.64	15.5	1.53	18.3	1.42	21.0	1.28	26.0	1.08	30.0	0.94
15	5.2	2.27	5.9	2.18	6.8	2.10	7.9	1.99	9.7	1.85	11.1	1.77	12.7	1.66	14.7	1.55	17.5	1.44	20.0	1.30	25.0	1.10	29.0	0.96
16	4.8	2.29	5.5	2.20	6.3	2.12	7.4	2.01	9.1	1.87	10.5	1.78	12.1	1.68	14.0	1.57	16.8	1.45	19.3	1.32	24.2	1.11	28.1	0.97
17	4.5	2.31	5.1	2.22	5.9	2.14	7.0	2.03	8.6	1.89	9.9	1.80	11.5	1.70	13.4	1.58	16.1	1.47	18.6	1.33	23.4	1.13	27.3	0.99
18	4.2	2.33	4.8	2.24	5.6	2.16	6.6	2.05	8.2	1.91	9.4	1.82	11.0	1.71	13.9	1.60	15.5	1.48	18.0	1.34	22.7	1.14	26.7	1.00
19	3.9	2.35	4.5	2.26	5.3	2.18	6.2	2.07	7.8	1.93	9.0	1.83	10.6	1.73	12.4	1.61	14.9	1.50	17.4	1.35	22.1	1.15	26.1	1.01
20	3.7	2.36	4.2	2.28	5.0	2.19	5.9	2.09	7.5	1.94	8.6	1.85	10.2	1.74	11.9	1.62	14.4	1.51	16.9	1.36	21.5	1.16	25.5	1.02
21	3.5	2.38	4.0	2.30	4.7	2.21	5.6	2.10	7.2	1.95	8.3	1.86	9.8	1.75	11.5	1.63	14.0	1.52	16.4	1.37	21.0	1.17	24.9	1.03
22	3.3	2.39	3.8	2.31	4.5	2.22	5.3	2.11	6.9	1.97	8.0	1.87	9.4	1.76	11.1	1.64	13.6	1.53	15.9	1.38	20.5	1.18	24.3	1.04
23	3.1	2.40	3.6	2.32	4.3	2.23	5.1	2.12	6.6	1.98	7.7	1.88	9.1	1.77	10.8	1.65	13.2	1.54	15.5	1.39	20.1	1.19	23.8	1.05
24	3.0	2.41	3.4	2.33	4.1	2.24	4.9	2.13	6.3	1.99	7.4	1.89	8.8	1.78	10.5	1.66	12.9	1.55	15.1	1.40	19.7	1.20	23.4	1.06
25	2.8	2.42	3.3	2.34	3.9	2.25	4.7	2.14	6.1	2.00	7.1	1.90	8.5	1.79	10.2	1.67	12.6	1.56	14.8	1.41	19.3	1.21	23.0	1.06

表 I　JIS Z9004 不良率型計量值單次抽樣檢驗表 (續)

σ 未知(由 P_0，P_1 查 n，k) $\alpha \fallingdotseq 0.05$ $\beta \fallingdotseq 0.10$

p_0 \ n	0.1		0.15		0.2		0.3		0.5		0.7		1.0		1.5		2.0		3.0		5.0		7.0	
	p_1	k	p_1	k	p_1	k	p_1	k	p_1	k	p_1	k	p_1	k	p_1	k	p_1	k	p_1	k	p_1	k	p_1	k
26	2.7	2.43	3.2	2.35	3.7	2.26	4.5	2.15	5.9	2.01	6.9	1.91	8.3	1.80	9.9	1.68	12.3	1.57	14.5	1.42	18.9	1.22	22.6	1.07
27	2.6	2.44	3.1	2.36	3.6	2.27	4.3	2.16	5.7	2.02	6.7	1.92	8.1	1.81	9.6	1.69	12.0	1.58	14.2	1.43	18.5	1.22	22.3	1.08
28	2.5	2.45	3.0	2.37	3.5	2.28	4.2	2.17	5.5	2.02	6.5	1.93	7.9	1.82	9.4	1.70	11.7	1.58	13.9	1.43	18.2	1.23	22.0	1.08
29	2.4	2.46	2.9	2.38	3.4	2.29	4.1	2.18	5.3	2.03	6.3	1.93	7.7	1.82	9.2	1.71	11.4	1.59	13.6	1.44	17.9	1.23	21.7	1.09
30	2.3	2.47	2.8	2.39	3.3	2.30	4.0	2.19	5.1	2.04	6.1	1.94	7.5	1.83	9.0	1.71	11.2	1.60	13.4	1.45	17.7	1.24	21.4	1.09
35	1.9	2.52	2.3	2.43	2.7	2.34	3.4	2.22	4.6	2.07	5.6	1.97	6.7	1.86	8.1	1.74	9.9	1.63	12.3	1.48	16.5	1.27	20.1	1.11
40	1.7	2.55	2.0	2.46	2.4	2.37	3.1	2.25	4.1	2.10	5.0	2.00	6.1	1.89	7.5	1.77	9.1	1.65	11.5	1.50	15.4	1.29	19.0	1.14
45	1.5	2.58	1.8	2.49	2.2	2.39	2.8	2.28	3.8	2.13	4.6	2.02	5.7	1.91	6.9	1.79	8.5	1.67	10.8	1.52	14.7	1.31	18.2	1.16
50	1.3	2.60	1.6	2.51	2.0	2.41	2.5	2.30	3.5	2.15	4.2	2.04	5.3	1.93	6.5	1.81	8.1	1.69	10.3	1.54	14.1	1.33	17.5	1.17
55	1.2	2.62	1.5	2.53	1.8	2.43	2.3	2.32	3.3	2.17	3.9	2.06	4.9	1.95	6.2	1.83	7.7	1.70	9.8	1.55	13.6	1.34	16.9	1.19
60	1.1	2.64	1.4	2.55	1.7	2.45	2.2	2.34	3.1	2.19	3.7	2.08	4.7	1.96	5.9	1.84	7.3	1.72	9.4	1.56	13.1	1.35	16.4	1.20
65	1.0	2.66	1.3	2.57	1.6	2.47	2.1	2.35	2.9	2.20	3.5	2.09	4.5	1.97	5.6	1.85	7.0	1.73	9.1	1.57	12.7	1.36	16.0	1.21
70	1.0	2.67	1.2	2.58	1.5	2.48	2.0	2.36	2.7	2.21	3.3	2.10	4.3	1.98	5.4	1.86	6.7	1.74	8.8	1.58	12.3	1.37	15.6	1.22
75	0.9	2.68	1.1	2.59	1.4	2.49	1.9	2.37	2.6	2.22	3.2	2.11	4.1	1.99	5.2	1.87	6.5	1.75	8.5	1.59	12.0	1.38	15.2	1.23
80	0.9	2.69	1.1	2.60	1.4	2.50	1.8	2.38	2.5	2.23	3.1	2.12	3.9	2.00	5.0	1.88	6.3	1.76	8.3	1.60	11.7	1.39	14.9	1.23
85	0.8	2.70	1.0	2.61	1.3	2.51	1.7	2.39	2.4	2.24	3.0	2.13	3.8	2.01	4.8	1.89	6.1	1.77	8.1	1.61	11.4	1.39	14.6	1.24
90	0.8	2.71	1.0	2.62	1.2	2.52	1.6	2.40	2.3	2.25	2.9	2.14	3.7	2.02	4.7	1.90	5.9	1.77	7.9	1.62	11.2	1.40	14.3	1.24
95	0.7	2.72	0.9	2.63	1.1	2.53	1.6	2.41	2.3	2.26	2.8	2.15	3.6	2.03	4.6	1.91	5.7	1.78	7.7	1.63	11.0	1.41	14.0	1.25
100	0.7	2.73	0.9	2.64	1.1	2.54	1.5	2.42	2.2	2.26	2.7	2.16	3.5	2.04	4.5	1.92	5.6	1.79	7.5	1.63	10.8	1.42	13.8	1.26

MIL-STD-414 抽樣計畫表

表 J-1　AQL 轉換表

當現實之 AQL 值在此範圍時	採用本列之 AQL 值
≦0.109	0.10
0.110～0.146	0.15
0.165～0.279	0.25
0.280～0.439	0.40
0.440～0.699	0.65
0.700～1.09	1.0
1.10～1.64	1.5
1.65～2.79	2.5
2.80～4.39	4.0
4.40～6.99	6.5
7.00～10.9	10.0

表 J-2　樣本代字

批　量	檢驗水準				
	特殊		一般		
	S3	S4	I	II	III
2～8	B	B	B	B	C
9～15	B	B	B	B	D
16～25	B	B	B	C	E
26～50	B	B	C	D	F
51～90	B	B	D	E	G
91～150	B	C	E	F	H
151～280	B	D	F	G	I
281～400	C	F	G	H	J
401～500	C	E	G	I	J
501～1200	D	F	H	J	K
1201～3200	E	G	I	K	L
3201～10,000	F	H	J	L	M
10,001～35,000	G	J	K	M	N
35,001～150,000	H	J	L	N	P
150,001～500,000	H	K	M	P	P
500,001 以上	H	K	N	P	P

表 J-3　σ 已知時，正常及加嚴檢驗計畫之主抽樣表
（單邊規格界限——形式 1）

樣本代字	AQL（正常檢驗）											
	T		.10		.15		.25		.40		.65	
	n	k	n	k	n	k	n	k	n	k	n	k
B	↓		↓		↓		↓		↓		↓	
C												
D											2	1.58
E							2	1.94	2	1.81	3	1.69
F					3	2.19	3	2.07	3	1.91	4	1.80
G	3	2.49	4	2.39	4	2.30	4	2.14	5	2.05	5	1.88
H	4	2.55	5	2.46	5	2.34	6	2.23	6	2.08	7	1.95
I	6	2.59	6	2.49	6	2.37	7	2.25	8	2.13	8	1.96
J	7	2.63	8	2.54	9	2.45	9	2.29	10	2.16	11	2.01
K	11	2.72	11	2.59	12	2.49	13	2.35	14	2.21	16	2.07
L	15	2.77	16	2.65	17	2.54	19	2.41	21	2.27	23	2.12
M	20	2.80	22	2.69	23	2.57	25	2.43	27	2.29	30	2.14
N	30	2.84	31	2.72	34	2.62	37	2.47	40	2.33	44	2.17
P	40	2.85	42	2.73	45	2.62	49	2.48	54	2.34	59	2.18
	.10		.15		.25		.40		.65		1.00	
	AQL（加嚴檢驗）											

表 J-3　σ已知時，正常及加嚴檢驗計畫之主抽樣表（續）
（單邊規格界限——形式 1）

樣本代字	AQL（正常檢驗）1.00		1.50		2.50		4.00		6.50		10.00	
	n	k	n	k	n	k	n	k	n	k	n	k
B	↓		↓		↓		↓		↓		↓	
C	2	1.36	2	1.25	2	1.09	2	.936	3	.755	3	.573
D	2	1.42	2	1.33	3	1.17	3	1.01	3	.825	4	.641
E	3	1.56	3	1.44	4	1.28	4	1.11	5	.919	5	.728
F	4	1.69	4	1.53	5	1.39	5	1.20	6	.991	7	.797
G	6	1.78	6	1.62	7	1.45	8	1.28	9	1.07	11	.877
H	7	1.80	8	1.68	9	1.49	10	1.31	12	1.11	14	.906
I	9	1.83	10	1.70	11	1.51	13	1.34	15	1.13	17	.924
J	12	1.88	14	1.75	15	1.56	18	1.38	20	1.17	24	.964
K	17	1.93	19	1.79	22	1.61	25	1.42	29	1.21	33	.995
L	25	1.97	28	1.84	32	1.65	36	1.46	42	1.24	49	1.03
M	33	2.00	36	1.86	42	1.67	48	1.48	55	1.26	64	1.05
N	49	2.03	54	1.89	61	1.69	70	1.51	82	1.29	95	1.07
P	65	2.04	71	1.89	81	1.70	93	1.51	109	1.29	127	1.07
AQL（加嚴檢驗）	1.50		2.50		4.00		6.50		10.00			

表 J-4　σ已知時，減量檢驗計畫之主抽樣表
（單邊規格界限——形式 1）

樣本代字	AQL									
	.10		.15		.25		.40		.65	
	n	k	n	k	n	k	n	k	n	k
B										
C										
D										
E										
F									2	1.36
G							2	1.58	2	1.42
H			2	1.94	2	1.81	3	1.69	3	1.56
I	3	2.19	3	2.07	3	1.91	4	1.80	4	1.69
J	4	2.30	4	2.14	5	2.05	5	1.88	6	1.78
K	5	2.34	6	2.23	6	2.08	7	1.95	7	1.80
L	6	2.37	7	2.25	8	2.13	8	1.96	9	1.83
M	7	2.38	8	2.26	9	2.13	10	1.99	11	1.86
N	12	2.49	13	2.35	14	2.21	16	2.07	17	1.93
P	17	2.54	19	2.41	21	2.27	23	2.12	25	1.97

表 J-4　σ已知時，減量檢驗計畫之主抽樣表（續）
（單邊規格界限——形式 1）

樣本代字	AQL											
	1.00		1.50		2.50		4.0		6.5		10.00	
	n	k	n	k	n	k	n	k	n	k	n	k
B	↓		↓		↓		↓		↓		↓	
C	↓		↓		↓		↓		↓		↓	
D	↓		↓		↓		↓		↓		↓	
E	↓		↓		↓		↓		↓		↓	
F	2	1.25	2	1.09	2	.936	3	.755	3	.573	4	.344
G	2	1.33	3	1.17	3	1.01	3	.825	4	.641	4	.429
H	3	1.44	4	1.28	4	1.11	5	.919	5	.728	6	.515
I	4	1.53	5	1.39	5	1.20	6	.991	7	.797	8	.584
J	6	1.62	7	1.45	8	1.28	9	1.07	11	.877	12	.649
K	8	1.68	9	1.49	10	1.31	12	1.11	14	.906	16	.685
L	10	1.70	11	1.51	13	1.34	15	1.13	17	.924	20	.706
M	12	1.72	13	1.53	15	1.35	18	1.15	21	.942	24	.719
N	19	1.79	22	1.61	25	1.42	29	1.21	33	.995	38	.770
P	28	1.84	32	1.65	36	1.46	42	1.24	49	1.03	56	.803

表 J-5　σ已知時，正常及加嚴檢驗計畫之主抽樣表
（雙邊規格界限及形式 2——單邊規格界限）

樣本代字	AQL（正常檢驗）																	
	T			.10			.15			.25			.40			.65		
	n	M	v	n	M	v	n	M	v	n	M	v	n	M		n	M	v
B		↓			↓			↓			↓			↓			↓	
C																		
D																2	1.28	1.414
E										2	.310	1.414	2	.510	1.414	3	1.94	1.225
F							3	.369	1.225	3	.568	1.225	3	.959	1.225	4	1.88	1.155
G	3	.114	1.225	4	.290	1.155	4	.399	1.155	4	.681	1.155	5	1.09	1.118	5	1.76	1.118
H	4	.161	1.155	5	.296	1.118	5	.445	1.118	6	.721	1.095	6	1.14	1.095	7	1.75	1.180
I	6	.230	1.095	6	.321	1.095	6	.478	1.095	7	.756	1.080	8	1.14	1.069	8	1.80	1.069
J	7	.226	1.080	8	.330	1.069	9	.469	1.061	9	.760	1.061	10	1.14	1.054	11	1.73	1.049
K	11	.217	1.049	11	.326	1.049	12	.461	1.045	13	.721	1.041	14	1.08	1.038	16	1.62	1.033
L	15	.211	1.035	16	.308	1.033	17	.438	1.031	19	.673	1.027	21	1.00	1.025	23	1.51	1.023
M	20	.207	1.026	22	.296	1.024	23	.423	1.023	25	.655	1.021	27	.980	1.019	30	1. 47	1.017
N	30	.193	1.017	31	.283	1.017	34	.397	1.015	37	.615	1.014	40	.921	1.013	44	1.39	1.012
P	40	.196	1.013	42	.285	1.012	45	.402	1.011	49	.620	1.010	54	.920	1.009	59	1.39	1.009
	.10			.15			.25			.40			.65			1.00		
	AQL（加嚴檢驗）																	

表 J-5　σ已知時，正常及加嚴檢驗計畫之主抽樣表（續）
（雙邊規格界限及形式 2——單邊規格界限）

樣本代字	AQL（正常檢驗）																	
	1.00			1.50			2.50			4.00			6.50			10.00		
	n	M	v	n	M	v	n	M	v	n	M	v	n	M	v	n	M	v
B		↓			↓			↓			↓			↓			↓	
C	2	2.73	1.414	2	3.90	1.414	2	6.11	1.414	2	9.27	1.414	3	17.74	1.225	3	24.22	1.225
D	2	2.23	1.414	2	3.00	1.414	3	7.56	1.225	3	10.79	1.225	3	15.60	1.225	4	22.97	1.155
E	3	2.76	1.225	3	3.85	1.225	4	6.99	1.155	4	9.97	1.155	5	15.21	1.118	5	20.80	1.118
F	4	2.58	1.155	4	3.87	1.155	5	6.05	1.118	5	8.92	1.118	6	13.89	1.095	7	19.46	1.080
G	6	2.57	1.095	6	3.77	1.095	7	5.83	1.080	8	8.62	1.069	9	12.88	1.061	11	17.88	1.049
H	7	2.62	1.080	8	3.68	1.069	9	5.68	1.061	10	8.43	1.054	12	12.35	1.045	14	17.36	1.038
I	9	2.59	1.061	10	3.63	1.054	11	5.60	1.049	13	8.13	1.041	15	12.04	1.035	17	17.05	1.031
J	12	2.49	1.045	14	3.43	1.038	15	5.34	1.035	18	7.72	1.029	20	11.57	1.026	24	16.23	1.022
K	17	2.35	1.031	19	3.28	1.027	22	4.98	1.024	25	7.34	1.021	29	10.93	1.018	33	15.61	1.016
L	25	2.19	1.021	28	3.05	1.018	32	4.68	1.016	36	6.95	1.014	42	10.40	1.012	49	14.87	1.010
M	33	2.12	1.016	36	2.99	1.014	42	4.55	1.012	48	6.75	1.011	55	10.17	1.009	64	14.58	1.008
N	49	2.00	1.010	54	2.82	1.009	61	4,35	1.008	70	6.48	1.007	82	9.76	1.006	95	14.09	1.005
P	65	2.00	1.008	71	2.82	1.007	81	4.34	1.006	93	6.46	1.005	109	9.73	1.005	127	14.02	1.004
	1.50			2.50			4.00			6.50			10.00					
	AQL（加嚴檢驗）																	

表 J-6　σ已知時，減量檢驗計畫之主抽樣表
（雙邊規格界限及形式 2——單邊規格界限）

樣本代字	AQL														
	.10			.15			.25			.40			.65		
	n	M	v	n	M	v	n	M	v	n	M	v	n	M	v
B		↓			↓			↓			↓			↓	
C		↓			↓			↓			↓			↓	
D		↓			↓			↓			↓			↓	
E		↓			↓			↓			↓			↓	
F		↓			↓			↓			↓		2	2.73	1.414
G		↓			↓			↓		2	1.28	1.414	2	2.23	1.414
H		↓		2	.310	1.414	2	.510	1.414	3	1.94	1.225	3	2.76	1.225
I	3	.369	1.225	3	.568	1.225	3	.959	1.225	4	1.88	1.155	4	2.58	1.155
J	4	.399	1.155	4	.681	1.155	5	1.09	1.118	5	1.76	1.118	6	2.57	1.095
K	5	.445	1.118	7	.721	1.095	6	1.14	1.095	7	1.75	1.080	7	2.62	1.080
L	6	.478	1.095	8	.756	1.080	8	1.14	1.069	8	1.80	1.069	9	2.59	1.061
M	7	.507	1.080	13	.791	1.069	9	1.18	1.061	10	1.79	1.054	11	2.57	1.049
N	12	.461	1.045	13	.721	1.041	14	1.08	1.038	16	1.62	1.033	17	2.35	1.031
P	17	.438	1.031	19	.673	1.027	21	1.00	1.025	23	1.51	1.023	25	2.19	1.021

表 J-6 σ 已知時，減量檢驗計畫之主抽樣表（續）
（雙邊規格界限及形式 2——單邊規格界限）

樣本代字	AQL																	
	1.00			1.50			2.50			4.0			6.5			10.00		
	n	M	v	n	M	v	n	M	v	n	M	v	n	M		n	M	v
B		↓			↓			↓			↓			↓			↓	
C																		
D																		
E																		
F	2	3.90	1.414	2	6.11	1.414	2	9.27	1.414	3	17.74	1.225	3	24.22	1.225	4	33.67	1.225
G	2	3.00	1.414	3	7.56	1.225	3	10.79	1.225	3	15.60	1.225	4	22.97	1.155	4	31.01	1.155
H	3	3.85	1.225	4	6.99	1.155	4	9.97	1.155	5	15.21	1.118	5	20.80	1.118	6	28.64	1.095
I	4	3.87	1.155	5	6.05	1.118	5	8.92	1.118	6	13.89	1.095	7	19.46	1.080	8	26.64	1.069
J	6	3.77	1.095	7	5.83	1.080	8	8.62	1.069	9	12.88	1.061	11	17.88	1.049	12	24.88	1.045
K	8	3.86	1.069	9	5.68	1.061	10	8.43	1.054	12	12.35	1.045	14	17.36	1.038	16	23.96	1.033
L	10	3.63	1.054	11	5.60	1.049	13	8.13	1.041	15	12.04	1.035	17	17.05	1.031	20	23.43	1.026
M	12	3.61	1.045	13	5.58	1.041	15	8.13	1.035	18	11.88	1.029	21	16.71	1.025	24	23.13	1.022
N	19	3.28	1.027	22	4.98	1.024	25	7.34	1.021	29	10.93	1.018	33	15.61	1.016	38	21.77	1.013
P	28	3.05	1.018	32	4.68	1.016	36	6.95	1.014	42	10.40	1.012	49	14.87	1.010	56	20.90	1.009

表 J-7　σ 未知時，正常及加嚴檢驗計畫之主抽樣表
（單邊規格界限——形式 1）

樣本代字	樣本大小	AQL（正常檢驗）											
		T	.10	0.15	.25	0.40	0.65	1.00	1.50	2.50	4.00	6.50	10.00
		k	k	k	k	k	k	k	k	k	k	k	k
B C	3 4	↓	↓	↓	↓	↓	↓	↓ 1.45	↓ 1.34	1.12 1.17	.958 1.01	.765 .814	.566 .617
D E F	5 7 10	↓	↓	↓ 2.24	2.00 2.11	1.88 1.98	1.65 1.75 1.84	1.53 1.62 1.72	1.40 1.50 1.58	1.24 1.33 1.41	1.07 1.15 1.23	.874 .955 1.03	.675 .755 .828
G H I	15 20 25	2.53 2.58 2.61	2.42 2.47 2.50	2.32 2.36 2.40	2.20 2.24 2.26	2.06 2.11 2.14	1.91 1.96 1.98	1.79 1.82 1.85	1.65 1.69 1.72	1.47 1.51 1.53	1.30 1.33 1.35	1.09 1.12 1.14	.886 .917 .936
J	35	2.65	2.54	2.45	2.31	2.18	2.03	1.89	1.76	1.57	1.39	1.18	.969
K L M	50 75 100	2.71 2.77 2.80	2.60 2.66 2.69	2.50 2.55 2.58	2.35 2.41 2.43	2.22 2.27 2.29	2.08 2.12 2.14	1.93 1.98 2.00	1.80 1.84 1.86	1.61 1.65 1.67	1.42 1.46 1.48	1.21 1.24 1.26	1.00 1.03 1.05
N P	150 200	2.84 2.85	2.73 2.73	2.61 2.62	2.47 2.47	2.33 2.33	2.18 2.18	2.03 2.04	1.89 1.89	1.70 1.70	1.51 1.51	1.29 1.29	1.07 1.07
		.10	.15	.25	.40	.65	1.00	1.50	2.50	4.00	6.50	10.00	
		AQL（加嚴檢驗）											

表 J-8　σ 未知時，減量檢驗計畫之主抽樣表
（單邊規格界限——形式 1）

樣本代字	樣本大小	AQL										
		.10	.15	.25	.40	.65	1.00	1.50	2.50	4.00	6.50	10.00
		k	k	k	k	k	k	k	k	k	k	k
B	3	↓	↓	↓	↓	↓	↓	1.12	.958	.765	.566	.341
C	3	↓	↓	↓	↓	↓	↓	1.12	.958	.765	.566	.341
D	3	↓	↓	↓	↓	↓	↓	1.12	.958	.765	.566	.341
E	3	↓	↓	↓	↓	↓	↓	1.12	.958	.765	.566	.341
F	4	↓	↓	↓	↓	1.45	1.34	1.17	1.01	.814	.617	.393
G	5	↓	↓	↓	1.65	1.53	1.40	1.24	1.07	.874	.675	.455
H	7	↓	2.00	1.88	1.75	1.62	1.50	1.33	1.15	.955	.755	.536
I	10	2.24	2.11	1.98	1.84	1.72	1.58	1.41	1.23	1.03	.828	.611
J	15	2.32	2.20	2.06	1.91	1.79	1.65	1.47	1.30	1.09	.886	.664
K	20	2.36	2.24	2.11	1.96	1.82	1.69	1.51	1.33	1.12	.917	.695
L	25	2.40	2.26	2.14	1.98	1.85	1.72	1.53	1.35	1.14	.936	.712
M	30	2.41	2.28	2.15	2.00	1.86	1.73	1.55	1.36	1.15	.946	.723
N	50	2.50	2.35	2.22	2.08	1.93	1.80	1.61	1.42	1.21	1.00	.774
P	75	2.55	2.41	2.27	2.12	1.98	1.84	1.65	1.46	1.24	1.03	.804

表 J-9　σ 未知時，正常及加嚴檢驗計畫之主抽樣表
（雙邊規格界限及形式 2——單邊規格界限）

樣本代字	樣本大小	AQL（正常檢驗）											
		T	.10	0.15	.25	0.40	0.65	1.00	1.50	2.50	4.00	6.50	10.00
		M	M	M	M	M	M	M	M	M	M	M	M
B	3	↓	↓	↓	↓	↓	↓	↓	↓	7.59	18.86	26.94	33.69
C	4	↓	↓	↓	↓	↓	↓	1.53	5.50	10. 92	16.45	22.86	29.45
D	5	↓	↓	↓	↓	↓	1.33	3.32	5.83	9.80	14.39	20.19	26.56
E	7	↓	↓	↓	0.422	1.06	2.14	3.55	5.35	8.40	12.20	17.35	23.29
F	10	↓	↓	0.349	0.716	1.30	2.17	3.26	4.77	7.29	10.54	15.17	20.74
G	15	0.186	0.312	0.503	0.818	1.31	2.11	3.05	4.31	6.56	9.46	13.71	18.94
H	20	0.228	0.365	0.544	0.846	1.29	2.05	2.95	4.09	6.17	8.92	12.99	18.03
I	25	0.250	0.380	0.551	0.877	1.29	2.00	2.86	3.97	5.97	8.63	12.75	17.51
J	35	0.264	0.388	0.535	0.847	1.23	1.87	2.68	3.70	5.57	8.10	11.87	16.65
K	50	0.250	0.363	0.503	0.789	1.17	1.71	2.49	3.45	5.20	7.61	11.23	15.87
L	75	0.228	0.330	0.467	0.720	1.07	1.60	2.29	3.20	4.87	7.15	10.63	15.13
M	100	0.220	0.317	0.447	0.689	1.02	1.53	2.20	3.07	4.69	6.91	10.32	14.75
N	150	0.203	0.293	0.413	0.638	0.949	1.43	2.05	2.89	4.43	6.57	9.88	14.20
P	200	0.204	0.294	0.414	0.637	0.945	1.42	2.04	2.87	4.40	6.53	9.81	14.12
		.10	.15	.25	.40	.65	1.00	1.50	2.50	4.00	6.50	10.00	
		AQL（加嚴檢驗）											

表 J-10　σ 未知時，減量檢驗計畫之主抽樣表
（雙邊規格界限及形式 2——單邊規格界限）

樣本代字	樣本大小	AQL .10	.15	.25	.40	.65	1.00	1.50	2.50	4.00	6.50	10.00
		M	M	M	M	M	M	M	M	M	M	M
B	3	↓	↓	↓	↓	↓	↓	7.59	18.86	26.94	33.69	40.47
C	3	↓	↓	↓	↓	↓	↓	7.59	18.86	26.94	33.69	40.47
D	3	↓	↓	↓	↓	↓	↓	7.59	18.86	26.94	33.69	40.47
E	3	↓	↓	↓	↓	↓	↓	7.59	18.86	26.94	33.69	40.47
F	4	↓	↓	↓	↓	1.53	5.50	10.92	16.45	22.86	29.45	36.90
G	5	↓	↓	↓	1.33	3.32	5.83	9.80	14.39	20.19	26.56	33.99
H	7		0.422	1.06	2.14	3.55	5.35	8.40	12.20	17.35	23.29	30.50
I	10	0.349	0.716	1.30	2.17	3.26	4.77	7.29	10.54	15.17	20.74	27.57
J	15	0.503	0.818	1.31	2.11	3.05	4.31	6.56	9.46	13.71	18.94	25.61
K	20	0.544	0.846	1.29	2.05	2.95	4.09	6.17	8.92	12.99	18.03	24.53
L	25	0.551	0.877	1.29	2.00	2.86	3.97	5.97	8.63	12.57	17.51	23.97
M	30	0.581	0.879	1.29	1.98	2.83	3.91	5.85	8.47	12.36	17.24	23.58
N	50	0.503	0.789	1.17	1.71	2.49	3.45	5.20	7.61	11.23	15.87	22.00
P	75	0.467	0.720	1.07	1.60	2.29	3.20	4.87	7.15	10.63	15.13	21.11

表 K-1　σ已知時，估計批不合格率用表

Q_U或Q_L		Q_U或Q_L		Q_U或Q_L		Q_U或Q_L		Q_U或Q_L		Q_U或Q_L		Q_U或Q_L		Q_U或Q_L		Q_U或Q_L		Q_U或Q_L		Q_U或Q_L		Q_U或Q_L		Q_U或Q_L		Q_U或Q_L	
.00	50.000																										
.01	49.601	.26	39.743	.51	30.503	.76	22.363	1.01	15.625	1.26	10.383	1.51	06.552	1.76	03.920	2.01	02.222	2.26	01.191	2.51	00.604	2.76	00.289	3.01	00.131	3.26	00.056
.02	49.202	.27	39.358	.52	30.153	.77	22.065	1.02	15.386	1.27	10.204	1.52	06.426	1.77	03.836	2.02	02.169	2.27	01.160	2.52	00.587	2.77	00.280	3.02	00.126	3.27	00.054
.03	48.803	.28	38.974	.53	29.806	.78	21.770	1.03	15.150	1.28	10.027	1.53	06.301	1.78	03.754	2.03	02.118	2.28	01.130	2.53	00.570	2.78	00.272	3.03	00.122	3.28	00.052
.04	48.405	.29	38.591	.54	29.460	.79	21.476	1.04	14.917	1.29	09.853	1.54	06.178	1.79	03.673	2.04	02.068	2.29	01.101	2.54	00.554	2.79	00.264	3.04	00.118	3.29	00.050
.05	48.006	.30	38.209	.55	29.116	.80	21.186	1.05	14.686	1.30	09.680	1.55	06.057	1.80	03.593	2.05	02.018	2.30	01.072	2.55	00.539	2.80	00.256	3.05	00.114	3.30	00.048
.06	47.608	.31	37.828	.56	28.774	.81	20.897	1.06	14.457	1.31	09.510	1.56	05.938	1.81	03.515	2.06	01.970	2.31	01.044	2.56	00.523	2.81	00.248	3.06	00.111	3.31	00.047
.07	47.210	.32	37.448	.57	28.434	.82	20.611	1.07	14.231	1.32	09.342	1.57	05.821	1.82	03.438	2.07	01.923	2.32	01.017	2.57	00.508	2.82	00.240	3.07	00.107	3.32	00.045
.08	46.812	.33	37.070	.58	28.096	.83	20.327	1.08	14.007	1.33	09.176	1.58	05.705	1.83	03.362	2.08	01.876	2.33	00.990	2.58	00.494	2.83	00.233	3.08	00.103	3.33	00.043
.09	46.414	.34	36.693	.59	27.760	.84	20.045	1.09	13.786	1.34	09.012	1.59	05.592	1.84	03.288	2.09	01.831	2.34	00.964	2.59	00.480	2.84	00.226	3.09	00.100	3.34	00.042
.10	46.017	.35	36.317	.60	27.425	.85	19.766	1.10	13.567	1.35	08.851	1.60	05.480	1.85	03.216	2.10	01.786	2.35	00.939	2.60	00.466	2.85	00.219	3.10	00.097	3.35	00.040
.11	45.620	.36	35.942	.61	27.093	.86	19.489	1.11	13.350	1.36	08.691	1.61	05.370	1.86	03.144	2.11	01.743	2.36	00.914	2.61	00.453	2.86	00.212	3.11	00.094	3.36	00.039
.12	45.224	.37	35.569	.62	26.763	.87	19.215	1.12	13.136	1.37	08.534	1.62	05.262	1.87	03.074	2.12	01.700	2.37	00.889	2.62	00.440	2.87	00.205	3.12	00.090	3.37	00.038
.13	44.828	.38	35.197	.63	26.435	.88	18.343	1.13	12.924	1.38	08.379	1.63	05.155	1.88	03.005	2.13	01.659	2.38	00.866	2.63	00.427	2.88	00.199	3.13	00.087	3.38	00.036
.14	44.433	.39	34.827	.64	26.109	.89	18.673	1.14	12.714	1.39	08.226	1.64	05.050	1.89	02.938	2.14	01.618	2.39	00.843	2.64	00.415	2.89	00.193	3.14	00.084	3.39	00.035
.15	44.038	.40	34.458	.65	25.785	.90	18.406	1.15	12.507	1.40	08.076	1.65	04.947	1.90	02.872	2.15	01.578	2.40	00.820	2.65	00.402	2.90	00.187	3.15	00.082	3.40	00.034
.16	43.644	.41	34.090	.66	25.463	.91	18.141	1.16	12.302	1.41	07.927	1.66	04.846	1.91	02.807	2.16	01.539	2.41	00.798	2.66	00.391	2.91	00.181	3.16	00.079	3.41	00.032
.17	43.251	.42	33.724	.67	25.143	.92	17.879	1.17	12.100	1.42	07.780	1.67	04.746	1.92	02.743	2.17	01.500	2.42	00.776	2.67	00.379	2.92	00.175	3.17	00.076	3.42	00.031
.18	42.858	.43	33.360	.68	24.825	.93	17.619	1.18	11.900	1.43	07.636	1.68	04.648	1.93	02.680	2.18	01.463	2.43	00.755	2.68	00.368	2.93	00.169	3.18	00.074	3.43	00.030
.19	42.465	.44	32.997	.69	24.510	.94	17.361	1.19	11.702	1.44	07.493	1.69	04.551	1.94	02.619	2.19	01.426	2.44	00.734	2.69	00.357	2.94	00.164	3.19	00.071	3.44	00.029
.20	42.074	.45	32.636	.70	24.196	.95	17.106	1.20	11.507	1.45	07.353	1.70	04.457	1.95	02.559	2.20	01.390	2.45	00.714	2.70	00.347	2.95	00.159	3.20	00.069	3.45	00.028
.21	41.863	.46	32.276	.71	23.885	.96	16.853	1.21	11.314	1.46	07.214	1.71	04.363	1.96	02.500	2.21	01.355	2.46	00.695	2.71	00.336	2.96	00.154	3.21	00.066	3.46	00.027
.22	41.294	.47	31.918	.72	23.576	.97	16.602	1.22	11.123	1.47	07.078	1.72	04.272	1.97	02.442	2.22	01.321	2.47	00.676	2.72	00.326	2.97	00.149	3.22	00.064	3.47	00.026
.23	40.905	.48	31.561	.73	23.270	.98	16.354	1.23	10.935	1.48	06.944	1.73	04.182	1.98	02.385	2.23	01.287	2.48	00.657	2.73	00.317	2.98	00.144	3.23	00.062	3.48	00.025
.24	40.517	.49	31.207	.74	22.965	.99	16.109	1.24	10.749	1.49	06.811	1.74	04.093	1.99	02.330	2.24	01.255	2.49	00.639	2.74	00.307	2.99	00.139	3.24	00.060	3.49	00.024
.25	40.129	.50	30.854	.75	22.663	1.00	15.866	1.25	10.565	1.50	06.681	1.75	04.006	2.00	02.275	2.25	01.222	2.50	00.621	2.75	00.298	3.00	00.135	3.25	00.058	3.50	00.023

註：表中數值均為百分率

表 K-2　J 未知，估計批不合格率用表

Q_U 或 Q_L	樣本大小 n													
	3	4	5	7	10	15	20	25	30	35	40	50	75	100
0	50.00	50.00	50.00	50.00	50.00	50.00	50.00	50.00	50.00	50.00	50.00	50.00	50.00	50.00
.1	47.24	46.67	46.44	46.26	46.16	46.10	46.08	46.06	46.05	46.05	46.04	46.04	46.03	46.03
.2	44.46	43.33	42.90	42.54	42.35	42.24	42.19	42.16	42.15	42.13	42.13	42.11	42.10	42.09
.3	41.63	40.00	39.37	38.87	38.60	38.44	38.37	38.33	38.31	38.29	38.28	38.27	38.25	38.24
.35	40.20	38.33	37.62	37.06	36.75	36.57	36.49	36.45	36.43	36.41	36.40	36.38	36.36	36.35
.40	38.74	36.67	35.88	35.26	34.93	34.73	34.65	34.60	34.58	34.56	34.54	34.53	34.50	34.49
.45	37.26	35.00	34.16	33.49	33.13	32.92	32.84	32.79	32.76	32.74	32.73	32.71	32.68	32.67
.50	35.75	33.33	32.44	31.74	31.37	31.15	31.06	31.01	30.98	30.96	30.95	30.93	30.90	30.89
.55	34.20	31.67	30.74	30.01	29.64	29.41	29.32	29.27	29.24	29.22	29.21	29.19	29.16	29.15
.60	32.61	30.00	29.05	28.32	27.94	27.72	27.63	27.58	27.55	27.53	27.52	27.50	27.47	27.46
.65	30.97	28.33	27.39	26.66	26.28	26.07	25.98	25.93	25.90	25.88	25.87	25.85	25.83	25.82
.70	29.27	26.67	25.74	25.03	24.67	24.46	24.38	24.33	24.31	24.29	24.28	24.26	24.24	24.23
.75	27.50	25.00	24.11	23.44	23.10	22.90	22.83	22.79	22.76	22.75	22.73	22.72	22.70	22.69
.80	25.64	23.33	22.51	21.88	21.57	21.40	21.33	21.29	21.27	21.26	21.25	21.23	21.22	21.21
.85	23.67	21.67	20.93	20.37	20.10	19.94	19.89	19.86	19.84	19.82	19.82	19.80	19.79	19.78
.90	21.55	20.00	19.38	18.90	18.67	18.54	18.50	18.47	18.46	18.45	18.44	18.43	18.42	18.42
.95	19.25	18.33	17.86	17.48	17.29	17.20	17.17	17.15	17.14	17.13	17.13	17.12	17.12	17.11
1.00	16.67	16.67	16.36	16.10	15.97	15.91	15.89	15.88	15.88	15.87	15.87	15.87	15.87	15.87
1.05	13.66	15.00	14.91	14.77	14.71	14.68	14.67	14.67	14.67	14.67	14.68	14.68	14.68	14.68
1.10	9.84	13.33	13.48	13.49	13.50	13.51	13.52	13.52	13.53	13.54	13.54	13.54	13.55	13.55
1.15	0.29	11.67	12.10	12.27	12.34	12.39	12.42	12.44	12.45	12.46	12.46	12.47	12.48	12.49
1.20	0.00	10.00	10.76	11.10	11.24	11.34	11.38	11.41	11.42	11.43	11.44	11.46	11.47	11.48
1.25	0.00	8.33	9.46	9.98	10.21	10.34	10.40	10.43	10.46	10.47	10.48	10.50	10.52	10.53
1.30	0.00	6.67	8.21	8.93	9.22	9.40	9.48	9.52	9.55	9.57	9.58	9.60	9.63	9.64
1.35	0.00	5.00	7.02	7.92	8.30	8.52	8.61	8.66	8.69	8.72	8.74	8.76	8.79	8.81
1.40	0.00	3.33	5.88	6.98	7.44	7.69	7.80	7.86	7.90	7.92	7.94	7.97	8.01	8.02
1.45	0.00	1.67	4.81	6.10	6.63	6.92	7.04	7.11	7.15	7.18	7.21	7.24	7.28	7.30
1.50	0.00	0.00	3.80	5.28	5.87	6.20	6.34	6.41	6.46	6.50	6.52	6.55	6.60	6.62
1.55	0.00	0.00	2.87	4.52	5.18	5.54	5.69	5.77	5.82	5.86	5.88	5.92	5.97	5.99
1.60	0.00	0.00	2.03	3.83	4.54	4.92	5.09	5.17	5.23	5.27	5.30	5.33	5.38	5.41
1.65	0.00	0.00	1.28	3.19	3.95	4.36	4.53	4.62	4.68	4.72	4.75	4.79	4.85	4.87
1.70	0.00	0.00	0.66	2.62	3.41	3.84	4.02	4.12	4.18	4.22	4.25	4.30	4.35	4.38
1.75	0.00	0.00	0.19	2.11	2.93	3.37	3.56	3.66	3.72	3.77	3.80	3.84	3.90	3.93
1.80	0.00	0.00	0.00	1.65	2.49	2.94	3.13	3.24	3.30	3.35	3.38	3.43	3.48	3.51
1.85	0.00	0.00	0.00	1.26	2.09	2.56	2.75	2.85	2.92	2.97	3.00	3.05	3.10	3.13
1.90	0.00	0.00	0.00	0.93	1.75	2.21	2.40	2.51	2.57	2.62	2.65	2.70	2.76	2.79
1.95	0.00	0.00	0.00	0.65	1.44	1.90	2.09	2.19	2.26	2.31	2.34	2.39	2.45	2.48

表 K-2　J 未知，估計批不合格率用表（續）

Q_U 或 Q_L	樣本大小 n													
	3	4	5	7	10	15	20	25	30	35	40	50	75	100
2.00	0.00	0.00	0.00	0.43	1.17	1.62	1.81	1.91	1.98	2.03	2.06	2.10	2.16	2.19
2.05	0.00	0.00	0.00	0.26	0.94	1.37	1.56	1.66	1.73	1.77	1.80	1.85	1.91	1.94
2.10	0.00	0.00	0.00	0.14	0.74	1.16	1.34	1.44	1.50	1.54	1.58	1.62	1.68	1.71
2.15	0.00	0.00	0.00	0.06	0.58	0.97	1.14	1.24	1.30	1.34	1.37	1.42	1.47	1.50
2.20	0.000	0.000	0.000	0.015	0.437	0.803	0.968	1.061	1.120	1.161	1.192	1.233	1.287	1.314
2.25	0.000	0.000	0.000	0.001	0.324	0.660	0.816	0.905	0.962	1.002	1.031	1.071	1.123	1.148
2.30	0.000	0.000	0.000	0.000	0.233	0.538	0.685	0.769	0.823	0.861	0.888	0.927	0.977	1.001
2.35	0.000	0.000	0.000	0.000	0.163	0.435	0.571	0.650	0.701	0.736	0.763	0.799	0.847	0.870
2.40	0.000	0.000	0.000	0.000	0.109	0.348	0.473	0.546	0.594	0.628	0.653	0.687	0.732	0.755
2.45	0.000	0.000	0.000	0.000	0.069	0.275	0.389	0.457	0.501	0.533	0.556	0.589	0.632	0.653
2.50	0.000	0.000	0.000	0.000	0.041	0.214	0.317	0.380	0.421	0.451	0.473	0.503	0.543	0.563
2.55	0.000	0.000	0.000	0.000	0.023	0.165	0.257	0.314	0.352	0.379	0.400	0.428	0.465	0.484
2.60	0.000	0.000	0.000	0.000	0.011	0.125	0.207	0.258	0.293	0.318	0.337	0.363	0.398	0.415
2.65	0.000	0.000	0.000	0.000	0.005	0.094	0.165	0.211	0.243	0.265	0.282	0.307	0.339	0.355
2.70	0.000	0.000	0.000	0.000	0.001	0.069	0.130	0.171	0.200	0.220	0.236	0.258	0.288	0.302
2.75	0.000	0.000	0.000	0.000	0.000	0.049	0.102	0.138	0.163	0.182	0.196	0.216	0.243	0.257
2.80	0.000	0.000	0.000	0.000	0.000	0.035	0.079	0.110	0.133	0.150	0.162	0.181	0.205	0.218
2.85	0.000	0.000	0.000	0.000	0.000	0.024	0.060	0.088	0.108	0.122	0.134	0.150	0.173	0.184
2.90	0.000	0.000	0.000	0.000	0.000	0.016	0.046	0.069	0.087	0.100	0.110	0.125	0.145	0.155
2.95	0.000	0.000	0.000	0.000	0.000	0.010	0.034	0.054	0.069	0.081	0.090	0.103	0.121	0.130
3.00	0.000	0.000	0.000	0.000	0.000	0.006	0.025	0.042	0.055	0.065	0.073	0.084	0.101	0.109
3.05	0.000	0.000	0.000	0.000	0.000	0.004	0.018	0.032	0.043	0.052	0.059	0.069	0.083	0.091
3.10	0.000	0.000	0.000	0.000	0.000	0.002	0.013	0.024	0.034	0.041	0.047	0.056	0.069	0.076
3.15	0.000	0.000	0.000	0.000	0.000	0.001	0.009	0.018	0.026	0.033	0.038	0.046	0.057	0.063
3.20	0.000	0.000	0.000	0.000	0.000	0.001	0.006	0.014	0.020	0.026	0.030	0.037	0.047	0.052
3.25	0.000	0.000	0.000	0.000	0.000	0.000	0.004	0.010	0.015	0.020	0.024	0.030	0.038	0.043
3.30	0.000	0.000	0.000	0.000	0.000	0.000	0.003	0.007	0.012	0.015	0.019	0.024	0.031	0.035
3.35	0.000	0.000	0.000	0.000	0.000	0.000	0.002	0.005	0.009	0.012	0.015	0.019	0.025	0.029
3.40	0.000	0.000	0.000	0.000	0.000	0.000	0.001	0.004	0.007	0.009	0.011	0.015	0.020	0.023
3.45	0.000	0.000	0.000	0.000	0.000	0.000	0.001	0.003	0.005	0.007	0.009	0.012	0.016	0.019
3.50	0.000	0.000	0.000	0.000	0.000	0.000	0.000	0.002	0.003	0.005	0.007	0.009	0.013	0.015
3.55	0.000	0.000	0.000	0.000	0.000	0.000	0.000	0.001	0.003	0.004	0.005	0.007	0.011	0.012
3.60	0.000	0.000	0.000	0.000	0.000	0.000	0.000	0.001	0.002	0.003	0.004	0.006	0.008	0.010
3.65	0.000	0.000	0.000	0.000	0.000	0.000	0.000	0.001	0.001	0.002	0.003	0.004	0.006	0.008
3.70	0.000	0.000	0.000	0.000	0.000	0.000	0.000	0.000	0.001	0.002	0.002	0.003	0.005	0.006
3.75	0.000	0.000	0.000	0.000	0.000	0.000	0.000	0.000	0.001	0.001	0.002	0.002	0.004	0.005
3.80	0.000	0.000	0.000	0.000	0.000	0.000	0.000	0.000	0.000	0.001	0.001	0.002	0.003	0.004
3.85	0.000	0.000	0.000	0.000	0.000	0.000	0.000	0.000	0.000	0.001	0.001	0.001	0.002	0.003
3.90	0.000	0.000	0.000	0.000	0.000	0.000	0.000	0.000	0.000	0.000	0.001	0.001	0.002	0.003

品質管制實習　　工管叢書 13

著　　者☞ 林成益、張東孟
出 版 者☞ 揚智文化事業股份有限公司
發 行 人☞ 葉忠賢
責任編輯☞ 賴筱彌
執行編輯☞ 林佩儀
登 記 證☞ 局版北市業字第 1117 號
地　　址☞ 台北市新生南路三段 88 號 5 樓之 6
電　　話☞ 886-2-23660309　886-2-23660313
傳　　真☞ 886-2-23660310
郵政劃撥☞ 14534976
法律顧問☞ 北辰著作權事務所　蕭雄淋律師
印　　刷☞ 偉勵彩色印刷股份有限公司
初版三刷☞ 2000 年 8 月
I S B N ☞ 957-8446-58 -6
定　　價☞ 新台幣 250 元
網　　址☞ http: //www.ycrc.com.tw
E-mail ☞ tn605547@ms6.tisnet.net.tw

國家圖書館出版品預行編目資料

品質管制實習 = Practice for quality control /
林成益、張東孟著.-- 初版. -- 臺北市：揚智文化,
1998[民 87]　面；　公分,-- (工管叢書；13)

ISBN 957-8446-58-6 (平裝)

1.品質管理 — 實驗

494.56034　　87000056